宜居城市规划与建设

孙若兰　焦　政　王慧慧　主　编

中国建设科技出版社有限责任公司
China Construction Science and Technology Press Co., Ltd.

北　京

图书在版编目(CIP)数据

宜居城市规划与建设/孙若兰，焦政，王慧慧主编．
北京：中国建设科技出版社有限责任公司，2024.11.
ISBN 978-7-5160-4349-3

Ⅰ．TU984.2

中国国家版本馆 CIP 数据核字第 20249KN835 号

宜居城市规划与建设
YIJU CHENGSHI GUIHUA YU JIANSHE
孙若兰　焦　政　王慧慧　主　编

出版发行：中国建设科技出版社有限责任公司
地　　址：北京市西城区白纸坊东街 2 号院 6 号楼
邮　　编：100054
经　　销：全国各地新华书店
印　　刷：北京印刷集团有限责任公司
开　　本：787mm×1092mm　1/16
印　　张：10.5
字　　数：250 千字
版　　次：2024 年 11 月第 1 版
印　　次：2024 年 11 月第 1 次
定　　价：78.00 元

本社网址：www.jccbs.com，微信公众号：zgjskjcbs
请选用正版图书，采购、销售盗版图书属违法行为
版权专有，盗版必究。本社法律顾问：北京天驰君泰律师事务所，张杰律师
举报信箱：zhangjie@tiantailaw.com　　举报电话：(010) 63567684
本书如有印装质量问题，由我社事业发展中心负责调换，联系电话：(010) 63567692

编 委 会

主　编：孙若兰（佛山市城市规划设计研究院有限公司）
　　　　焦　政（佛山市城市规划设计研究院有限公司）
　　　　王慧慧（烟台市规划设计研究院有限公司）
副主编：杨凌茹［中规院（北京）规划设计有限公司］
　　　　潘健超（佛山市城市规划设计研究院有限公司）

前言 ‖ Preface

宜居城市是城市发展的目标和追求的方向。关于"宜居"的研究，源于20世纪90年代对居住环境评价的研究。吴良镛是我国最早进行人居环境的理论和实证研究的学者，他主编的《人居环境科学导论》是人居环境研究的代表著作。吴良镛提出了采用分系统、分层次的研究方法，从社会、经济、生态、文化艺术、技术等方面综合考察人类的居住环境，由此创建了立足于中国实际的人居环境科学理论体系的基本框架。在此背景下，国内学者们开始在城市规划与建设中关注以人为本的人居环境规划与建设。

在进行宜居城市的规划与建设时，既要尊重和顺应城市发展规律，保留城市自然山水脉络，保持城市和街区的风格，也要统筹考虑城市更新理念与双碳战略目标的结合，将低碳发展理念融入城市规划布局之中，提升宜居的环境承载能力，建设共生共荣的现代宜居城市。基于此，本书的编写涵盖宜居城市规划设计、城市更新背景下的低碳生态建设、宜居城市智能低碳交通规划与建设、城市更新背景下老旧小区改造、宜居城市绿色空间规划与建设、宜居城市公共服务设施规划等内容，以期为从事宜居城市规划建设的工作者或相关专业学生提供参考。

本书部分内容基于2022年度广东省基础与应用基础研究基金区域联合基金青年基金项目"珠三角旧村居更新中历史文化保护机制研究（项目编号：2022A1515110332）"、广东省哲学社会科学规划2022年度常规项目"岭南历史文化传承的绩效评估及促进机制研究——佛山历史城区为例（批准号：GD22YGL05）"的成果，以及相关城市规划与建设经验进行整理。

在本书的编写过程中，第一主编孙若兰负责第1章的第1节，第2章，第5章的第4节，第6章第2节的2.1~2.2、第3~4节，第7章的第3~4节及前言的编写，并负责全书的统稿及修正工作；第二主编焦政负责第3章的第2~3节，第5章的第1~2节、第5节，第6章的第1节、第2节的2.3~2.4及后记的编写；第三主编王慧慧负责第1章的第2~3节，第3章的第1节，第4章的第2~3节，第5章的第3节，第7章的第1~2节的编写。第一副主编杨凌茹负责第4章第1节的编写，第二副主编潘健超为编写工作提供了诸多数据、资料等方面的收集支持。

本书在编写过程中参阅了国内外大量参考文献资料，在此向原著（编）者表示衷心感谢。由于作者水平有限，以及编写时间仓促，书中难免有疏漏和不足之处，恳请广大读者批评指正。

编　者

2024年9月

目录 ‖ Contents

- 1 绪论 ··· 1
  - 1.1 宜居城市概述 ··· 1
  - 1.2 城市规划与建设概述 ·· 6
  - 1.3 城市更新概述 ··· 15
- 2 宜居城市规划设计 ··· 21
  - 2.1 宜居城市评价指标体系 ······································ 21
  - 2.2 低效用地再开发与宜居城市建设 ···························· 25
  - 2.3 城市设计与宜居城市规划设计实践 ·························· 32
  - 2.4 城市生态规划与 3S 技术 ···································· 40
- 3 城市更新背景下的低碳生态建设 ····································· 49
  - 3.1 低碳生态导向下的城市更新 ································· 49
  - 3.2 基于不同更新方式的低碳生态要求 ························· 50
  - 3.3 城市更新中落实低碳生态建设的措施 ······················ 56
- 4 宜居城市智能低碳交通规划与建设 ··································· 58
  - 4.1 我国智能低碳交通概述 ······································ 58
  - 4.2 宜居城市智能低碳交通规划 ································· 61
  - 4.3 宜居城市智能低碳交通基础设施建设 ······················ 72
- 5 城市更新背景下老旧小区改造 ······································ 78
  - 5.1 城镇老旧小区改造的历程、背景与意义 ···················· 78
  - 5.2 老旧小区改造推动城市形态提升 ···························· 82
  - 5.3 城镇老旧小区改造面临的困境及脱困思路 ················· 92
  - 5.4 城市更新中老旧小区的结构形态与改造策略 ··············· 95
  - 5.5 佛山市城镇老旧小区的更新改造 ···························· 98

6 宜居城市绿色空间规划与建设 ··· 106

6.1 城市绿色空间规划概述 ··· 106
6.2 宜居城市绿色空间用地规划 ··· 109
6.3 宜居城市绿色住宅建筑规划 ··· 130
6.4 宜居城市绿色空间保护设施建设 ··· 135

7 宜居城市公共服务设施规划 ··· 139

7.1 宜居城市公共服务设施的特点 ··· 139
7.2 宜居城市公共服务设施的布局规划 ··· 142
7.3 城市更新背景下的社区公共服务设施建设 ··· 145
7.4 全生命周期公共服务设施供给体系构建 ··· 151

参考文献 ··· 157

后记 ··· 159

1 绪 论

1.1 宜居城市概述

1.1.1 宜居城市的理念探讨与建设发展

在人类住区发展的历史长河中，对宜居性建设理论与实践的探索一直就是建设者和规划者们积极追求的目标。对此有学者认为从《易经》《道德经》到康有为的《大同书》，从《太阳城》到道萨迪亚斯的"人类聚居学"，人类从来没有停止过对理想宜居生活与住所的积极探索与追求。

人类对美好生活的不断追求源于宜居、宜业、发展的核心动力，简单说人的需求就是生存与发展。随着社会的发展，人们的生活水平和质量不断提高，人们不仅满足于吃饱穿暖物质方面需求，而是有了更高层次的精神方面需求。城市的产生和发展都与满足人们的各种需求有着密切联系，而城市的产生和发展也创造并满足了人们对更高层次物质和精神层面的需求。因此，人的需求和城市发展之间是相互促进和影响的，且城市建设应该是以人为核心，以人为本的理念决定了宜居城市的发展核心。

1. 国外关于宜居城市理念的探讨

人们在对宜居城市的理解和追求上，走过了曲折、渐进的道路。在英国城市化进程的中后期，工业化和城市化延伸到欧洲与北美，世界各国的城市化进程开始不断加速。然而工业化伴随着城市化的发展，逐渐导致人们的生存环境恶化、邻里关系退化、道路交通拥堵、社会经济剥夺、健康和福祉不平等各种城市问题出现，因此人们开始反思城市发展的模式。初期对宜居城市的追求基本都是为了解决工业发展伴随的城市发展所出现的各种问题，人们希望能够建设一个具备舒适、平等、有所居、有所业，能够满足人们基本生存与发展所需要的城市。

通过查阅相关文献，可以发现对宜居城市的解释和理解受到英格兰政治家、作家、哲学家与空想社会主义者——托马斯·莫尔于1516年撰写的《乌托邦》一书的影响。乌托邦所构想的理想社会群体和国家与城市都对现代城市的规划和建设产生过影响，是人类对追求完美的生活环境和品质的愿景描述。最早受到乌托邦理念的启发，将这种理想的乌托邦思想与城镇规划和建设联系起来的是埃比尼泽·霍华德（Ebenezer Howard）。为了解决英国原始资本主义制度下工业革命所带来的环境、经济和社会问题，埃比尼泽·霍华德在1898年出版的《明日：一条通向真正改革的和平道路》（1902年修订再版，更名为《明日的田园城市》）提出了田园城市理论。他提出在城镇的规划和建设中通过建成区与自然生态环境的融合，构建一个环境优美的住区；从区域的角度规划和实施城乡融合，将城镇和乡村各自的优点结合起来同时呈现给当地的居民，并为当地的居民提供无污染的就业机会，促进经济的发展；通过新型的社会治理，包括土地的集体所有制、居民共同参与治理等机制实现社会的公平。虽然当时并未提出"宜居"的概念，但田园城市理论和具体的实践无疑都是为了让人生活和工作在宜居、宜业的环境中，让人的生活更美好。虽然田园城市从英国开始，逐步推广到世界上其他的一些国家，例如美国、加拿大和澳大利亚等，但在现代主义发展模式影响下的工业化和城市化，仍然对人类住区的建成环境和自然生态环境产生着负面的影响。瑟特（Sert）曾在 *Can Our City Survive* 一书中警告人们城市环境遭受破坏的后果；20世纪60年代，蕾切尔·卡森（Rachel Carson）在其很具有影响力的著作《寂静的春天》（*Silent Spring*）以及德内拉·梅朵斯（Denella Meadows）等人在1972年出版的《增长的极限》（*The Limits to Growths*）等研究中不断地提出世界城市化、工业化引起的全球性的环境、社会和经济等问题将影响人类的生存和发展。同样，这些研究虽然并未直接探讨宜居的问题，但是这些研究所指出的影响人类生活和生存的问题日趋严重，使得宜居与人类渐行渐远。

2. 国内关于宜居城市理念的探讨

在历史上，中国人就一直在追求宜居的环境，古诗词中多有对宜居环境的描写，例如杜甫的"迟日江山丽，春风花草香。泥融飞燕子，沙暖睡鸳鸯"，以及陶渊明的"采菊东篱下，悠然见南山"，都表达了优美、休闲的田园生活景象。他们所向往的诗境生活犹如陶渊明在"归园田居"组诗第一首中所提到的"方宅十余亩，草屋八九间。榆柳荫后檐，桃李罗堂前。暧暧远人村，依依墟里烟。狗吠深巷中，鸡鸣桑树颠。户庭无尘杂，虚室有余闲"。中国传统村落、城市和古典园林的建造都能体现诗性，可以用"诗意栖居"进行解释。诗性表现了中国古人对具有"宜居"特征的精神居所和理想家园的情怀和向往。这种追求使中国传统的人居环境思想高于现实，更重视达到心灵与自然的静默和融合，也因此成为中国优秀传统文化的重要组成部分。所以中国传统城乡聚落表现出鲜明的、具有诗意主题的栖居之境，体现了中国人追求"天人合一"，以及追求自然天性、物我两忘的理想境界。这就是中国古人心目中的"宜居"。

现代关于"宜居"的研究源于20世纪90年代对居住环境评价的研究。吴良镛先生是我国最早进行人居环境的理论和实证研究的学者，其出版的《人居环境科学导论》成为人居环境研究的代表著作。他提出了采用分系统、分层次的研究方法，从社会、经济、生态、文化艺术、技术等方面综合地考察人类的居住环境，由此创建了立足于中国实际的人居环境科学理论体系的基本框架。在此背景下，国内的学者们开始在城市规划与建设中关注以人为本的人居环境规划与建设。

目前国内学者对宜居城市的研究主要集中在四个方面。第一，有关宜居城市定义和内涵的探讨和解释，这方面的研究占了主要的方面；第二，对城市宜居度和宜居性的分析，也包括开展宜居城市和社区评估及相关宜居城市指标的研究；第三，针对具体城市做实证研究，探讨宜居城市的建设；第四，从不同的专业角度探讨城市的宜居或宜居城市的规划建设，这些专业和角度的思考包括城市规划和设计、政府的功能、城市交通、环境和文化等。

中国的研究者认为宜居城市在我国的兴起是由于城市化进程使得城市快速拓展、经济快速增长，城市出现拥挤、堵塞、污染等各种问题，同时人们对于生活质量和生活环境的要求也在提高，所以对宜居城市的关注也因此产生。

中国宜居城市研究的主要开拓者任致远，提出宜居是城市发展的内在基本。他将宜居城市总结归纳为"易居、逸居、康居、安居"，即满足人们"有其居而且居得起、居得好和居得久"的基本要求。要实现这个目标，宜居城市的基本条件应当包括充足的就业岗位、和谐的社会、优美的环境、个性的文化和完善的基础设施。他还强调宜居城市的空间资源和环境资源应当是全社会的，应当实现社会的平等权益。另外，在新时期的新形势下，宜居城市的发展和建设要有新的思路。因此建设宜居城市需要与中华民族的复兴结合起来，中华民族的复兴应当成为宜居城市建设和发展的动力与基本要求。随着国家推动"生态文明"建设，宜居城市应当解决好环境问题，在城市内能够听见鸟语、闻得花香。为了解决环境保护与经济发展的矛盾，宜居城市应当采取绿色发展的模式，以绿色经济增加生产、积累财富；宜居城市还应当有自己的文化，能够体现自身的特色，显示民族精神。这些观点与其他研究者提出的观点——"宜居"不仅是舒适、优美、整洁的居住条件和自然生态环境，还需要有良好的、安全便利的人文社会环境，包括良好的社会道德风尚，健全的社会秩序等是一致的。张文忠将这些理念概括为"可持续发展、以人为本、人与自然和谐、尊重城市历史和文化、重视创新与包容"五个基本理念；宜居城市的建设应当涉及宜人的生态和环境、高标准的城市安全环境、方便的公共服务环境、和谐的城市社会环境和可持续的城市经济环境五大体系。

2013年12月，中央城镇化工作会议要求，要以人为本，推进以人为核心的城镇化，提高城镇人口素质和居民生活质量；2015年12月，在中央城市工作会议上提出要统筹布局好生产、生活、生态三大布局，提高城市发展的宜居性，实现生产空间集约高效、生活空间宜居适度、生态空间山清水秀。

中国共产党第十九次全国代表大会报告指出"中国特色社会主义进入新时代，我国社会主要矛盾已经转化为人民日益增长的美好生活需要和不平衡不充分的发展之间的矛盾"，提出了实现"两个一百年"的奋斗目标、实现中华民族伟大复兴的中国梦；坚持以人民为中心，把人民对美好生活的向往作为奋斗目标。到2035年，我国将基本实现社会主义现代化；到2050年，将建成富强民主文明和谐美丽的社会主义现代化强国。根据党的十九大报告的精神、中央城镇化工作会议和中央城市工作会议的要求，以及新时期中国特色的社会主义的发展目标，城市建设应当以现代化的宜居、宜业城市为重要目标。中国共产党第二十次全国代表大会报告中指出，打造宜居、韧性、智慧城市。

住房城乡建设部2024年7月统计数据，全国已实施城市更新项目超过6.6万个，完成投资2.6万亿元，这些项目涵盖既有建筑改造、城镇老旧小区改造、完整社区建设等多个方面。城市更新是拉动投资和就业的重要举措，更是推动城市高质量发展的重要途径，当前，城市更新要持续提升城市功能与品质，推进城市治理现代化，在更高水平上赋能城市发展，努力打造出更多宜居宜业、精致精美的现代化城市。

1.1.2 宜居城市建设的内涵与重点任务

1. 宜居城市建设的内涵

城市是一个由各种社会、经济和自然系统构成的复合结构，也是多种人流、物流高度集中的区域。在急速城市化的过程中，大量的自然景观被破坏，尤其是在大规模的城市开发中，面临着环境污染加剧、资源消耗加快、产业结构失调等压力。现代城市的发展由过去依靠单一工业增长转向生态环境等方面的可持续发展，在城市化的进程中人们更加关注居住的质量。

宜居城市的建设最早是针对居住环境的研究，是伴随城市发展中的问题而产生的，主要包括对社会文明、环境污染、住房紧张等方面的关注。宜居城市的建设注重人文、自然和环境的协调发展，特别是在生态环境和居住功能方面。可以说宜居城市是在满足居民各项需求的基础上，创建适宜人类工作、居住和生活的、达到经济社会环境的协调发展为目标的建设。

2. 宜居城市的重点任务

（1）健全城镇体系

加快构建国家中心城市、区域中心城市、地区中心城市及县城等层级的城镇体系。一是，加强国家中心城市建设，提高国际影响力和竞争力，提升对全球人才、资本、创新等资源的集聚和配置能力。二是，加强区域中心城市建设，完善城市功能，提升综合承载能力，加快产业转型升级，引领区域发展。三是，加强地区中心城市建设，加大公共服务、基础设施建设和更新改造力度，充分发挥引领、辐射、集散功能。四是，加强县城建设，不断完善县城基础设施和公共服务设施，更好地就近吸纳农业农村转移人口。除此之外，加强城市群、都市圈建设，将京津冀、长三角、粤港澳、长江中游、成渝等城市群建设成为各具特色、互为补充的世界级都市圈、城市群。

（2）优化城市空间形态

转变单中心、"摊大饼"式的发展方式，合理控制城市规模和建设强度。一是，推动组团式发展，单个组团面积一般不宜超过 $50km^2$，组团之间应建设连续贯通的生态廊道，与山水林田湖草等生态系统相连通，最小净宽度一般不小于 $100m$。二是，加强人口密度管控，平均人口密度原则上不超过 1 万人/km^2，个别地段最高不宜超过 1.5 万人/km^2；平均人口密度超过 1.5 万人/km^2 的，应采取有效措施予以疏解。三是，科学管控建筑密度，新建住宅建筑密度控制在 30% 以下，建筑高度要与消防救援能力相匹配，严格控制新建超高层建筑，一般不得新建 $500m$ 以上建筑，新建 $100m$ 以上建筑应充分论证、集中布局。

（3）持续改善生态环境

尊重自然、顺应自然、保护自然，建设高质量的城市生态系统。一是，构建连续完整的城市生态基础设施体系，统筹区域流域生态环境治理和城市建设，统筹城市水系统、绿地系统和基础设施系统建设，统筹生态廊道、景观视廊、通风廊道和城市绿道布局，将城市建设融入蓝绿生态本底，城市蓝绿空间占比不低于 45%。二是，加强城市生态修复，修复山体水系，提高水系连通度和岸线自然化率，严格限制过度硬化，禁止填湖造地、截弯取直、河道硬化等破坏生态环境行为。三是，持续推进园林城市建设，把公园建到居民家门口，构建均衡共享、系统连通的公园体系，建设连通区域、城市、社区的绿道体系，公园绿地服务半径覆盖率不低于80%。

(4) 推进城市基础设施体系化建设

实施基础设施补短板和更新改造专项行动，建设集约高效、经济适用、智能绿色、安全可靠的现代化基础设施体系。一是，提升宜居度，加快规划建设快速干线交通、生活性集散交通和绿色慢行交通体系，实现各体系间的畅顺衔接；主城区道路网密度应大于 $8km/km^2$，轨道、公交和慢行等绿色交通出行分担率应不低于60%，45分钟以内通勤人口比重达到80%。二是，增强安全韧性，倡导大分散与小区域集中相结合的基础设施布局方式，因地制宜布置分布式能源、生活垃圾和污水处理等设施，提高应急响应和快速恢复能力；统筹防洪与排涝，系统化全域推进海绵城市建设，到2030年全国城市建成区平均可渗透面积占比达到45%；依托公园、绿地、广场、校园等建设城市人口疏散和应急避难场所，人均应急避难场所面积不低于 $1.5m^2$。三是，提高数字化、网络化、智能化水平，推进新型城市基础设施建设和更新改造，加快建设城市数字公共基础设施和城市信息模型（City Information Modeling，CIM）平台，实施智能化市政基础设施建设和改造，协同发展智慧城市与智能网联汽车。

(5) 建设完整居住社区

建设安全健康、设施完善、管理有序的完整居住社区，到2030年地级及以上城市完整居住社区覆盖率争取提高到60%以上。一是，开展城市居住社区建设补短板行动，以步行5～10min到达为原则，配建基本公共服务设施、便民商业服务设施、市政配套基础设施和公共活动空间。二是，完善15min生活圈服务配套，推动建立步行和骑行网络，串联若干个居住社区，构建15min生活圈，统筹中小学、养老院、社区医院、运动场馆和公园等设施配套，为居民提供便捷完善的公共服务。三是，提升服务和管理能力，建立党委领导、政府组织、居民参与、企业服务的管理机制，推进城市管理进社区，提高物业管理覆盖率；实施社区公共设施数字化、网络化、智能化改造和管理，推进智慧社区和数字家庭建设；鼓励物业企业建立物业管理服务平台，大力推进线上线下社区生活服务。

(6) 加强历史文化保护和特色风貌塑造

要敬畏历史、敬畏文化、敬畏生态，在城市建设中延续历史文脉、体现中国特色、展现时代风貌。一是，构建历史文化保护传承体系，全面开展历史文化资源普查和认定，建立分级分类的保护名录和全国历史文化保护数据库；不拆除不可移动文物、历史建筑、传统民居，不破坏地形地貌、不砍老树，不破坏传统风貌和街道格局；历史文化街区、历史建筑挂牌保护率达100%，历史建筑空置率应在10%以下。二是，加强建筑设计管理，优化城市空间和建筑布局，增强城市的空间立体性、平面协调性、风貌整体性和文脉延续性；严禁建设"贪大、媚洋、求怪"建筑，严格超大体量公共建筑、超高层地标建筑、重点地段建筑和大型雕塑管理，严禁滥建巨型雕像等"文化地标"。

(7) 发展绿色建造

推动城乡建设方式绿色低碳转型。一是，持续开展绿色建筑创建行动，到2025年，城镇新建建筑全面执行绿色建筑标准，星级绿色建筑占比达到30%以上；对具备节能改造价值和条件的居住建筑要应改尽改，改造部分节能水平应达到现行标准规定。二是，推动建造方式转型，大力发展装配式建筑，推广钢结构住宅，到2030年装配式建筑占当年城镇新建建筑的比例达到40％，建筑垃圾资源化利用率达到55％。三是，推动智能建造与建筑工业化协同发展，深化应用自主创新建筑信息模型（Building Information Modeling，BIM）技术，大力发展数字设计、智能生产、智能施工和智慧运维，培育全产业链融合一体的智能建造产业体系。

（8）推动绿色低碳县城建设

以绿色低碳理念引领县城高质量发展，推动形成绿色生产方式和生活方式。一是，控制县城建设密度和强度，位于生态功能区、农产品主产区的县城建成区人口密度控制在每平方千米0.6万人～1万人，建筑总面积与建设用地面积的比值控制在0.6～0.8；县城新建住宅以6层为主，最高不超过18层，6层及以下住宅建筑面积占比一般不低于70％，确需建设18层以上居住建筑的，应严格充分论证。二是，建设绿色节约型基础设施，县城基础设施建设要适合本地特点，以小型化、分散化、生态化方式为主，构建县城绿色低碳能源体系，推广分散式风电、分布式光伏、智能光伏等清洁能源应用。三是，营造人性化公共环境，严格控制县城广场规模，广场的集中硬地面积应不超过$2hm^2$；推行"窄马路、密路网、小街区"，县城内部道路红线宽度一般不超过40m。

1.2　城市规划与建设概述

1.2.1　城市规划建设的原则

城市规划设计是城市规划与城市设计的融合。城市规划与城市设计在本质上有共同之处，在第一阶段工业革命之前，城市规划与城市设计一脉相承；第二阶段工业革命以后，城市规划、城市设计、建筑设计开始分道扬镳，其中城市设计主要负责城市环境及公共空间的设计建造；第三阶段现代城市设计阶段，城市设计有了广度和深度的发展，城市规划仍是其研究城市空间设计的基础。城市规划设计原则主要有以下四个方面，如图1.1所示。

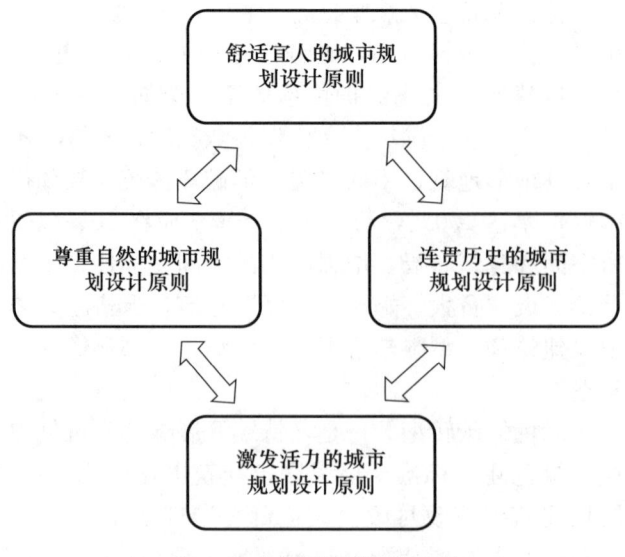

图1.1　城市规划设计原则

1. 舒适宜人的城市规划设计原则

现代城市设计的服务对象是广大市民,因此为公众营造舒适宜人的城市空间是设计的首要原则。历史上舒适宜人的设计手法多种多样,总体上可以划分为雄伟壮丽与亲切优雅两种截然不同的风格。

雄伟壮丽的风格通常存在于大规模的设计中,中国北京与法国巴黎中轴线建设均是这一类型设计的典范。他们常常借助轴线手法作为营造空间秩序的重要元素,或强调中轴对称,居中为尊,通过院墙体系形成一系列纵深发展的闭合空间,或偏好几何轴线与理性网络,围绕地标发散几何轴线形成视线通廊,构筑景观大道。

以巴黎城为例,强烈的城市轴线、几何发散的平面布局与大尺度的规整绿化遍布城市;宽阔笔直的大道串接若干重要城市节点,节点中央设置象征帝王荣誉的公共建筑与构筑物;大道两侧的建筑,无论是府邸、医院还是商场、宿舍,皆毫无例外地采用统一的立面标准与退缩尺寸。当驱车飞驶在城市轴线与大道上,两侧整齐划一,高度无差的建筑擦身而过,地标式的庞大建筑物扑面而来,雄浑博大,心旷神怡的城市体验油然而生。

亲切优雅的风格多存在于小规模的或受自然条件影响的设计中,如中国江苏常熟、云南大理,及意大利威尼斯等。较之雄浑风格将人淹没在空间中以领略其壮美的体验,这些设计更强调亲切优雅的尺度,努力创造适宜人行、走、坐、立的生活氛围。所以对当代广场、街道等以城市生活为特征的开放空间,亲切的尺度与优雅的气质成为设计关注的核心要素。

2. 尊重自然的城市规划设计原则

自然是大气、水体、土地与生物的综合体,是维系人类生存的基础、载体与"伴侣"。人与自然相互依存、相互联系,城市设计在致力人为环境的创造时,需要尊重自然、结合自然。

自然资源对城市生活的维系至关重要,城市设计对自然的尊重首先表现为不破坏自然,避免砍伐树木、铲平山丘等可能会造成表土侵蚀、土壤冲刷、道路塌陷的灾害。如湖北黄冈的居然之家垂直"森林"综合体,在建筑结构上种植大量树木和其他植物,形成层层叠叠的绿色植被墙,美观且舒适,在一定程度上解决了城市化带来的空气污染、热岛效应和生态系统破坏等问题。

然而,在各种客观条件尤其是经济利益驱使下,仍有一些设计无视自然的存在,如日本东京多摩新城毁灭山丘建立社区,随着社会整体生态保护意识的增强,这些做法越来越受到业界与民众的指责。因而,许多专家学者提出"无为而治"的倡导,即要求设计人员在面对一些自然敏感资源时,如果缺乏有把握的改造手段,尽可能不要对其采取行为措施,借助"无为"的方式维持资源的原生性。

3. 连贯历史的城市规划设计原则

城市是一本"凝固的历史书"——历史上重大的活动、事件及与之相关的人物,都随着时间的进程在城市舞台上登场,从而构成城市特有的人文历史积淀,这种积淀的丧失无疑将带来当代城镇建设环境中日趋严峻的特色危机与文化多元性的消亡。

历史文化积淀通常主要汇集在城市的各历史街区与地段,近年来又逐渐扩大为更广义的大遗址保护(如我国京杭大运河)范畴。对这些保护性地区进行的城市设计,必须在科学的现状调查和综合价值评价的基础上，采取合理的保护措施，既保护古迹本身，也保护价值观念、生活方式、人际关系、风俗习惯等无形的环境氛围与场所精神。

需要注意的是，保护不能简单理解为"保留"。保留只是将客观对象原封不动地实现在时间维度上的转换，而事实上历史积淀应该是生生不息，具有活力的城市生活，其不仅记载有过去城市的文化信息，更将记录今天城市发展的文化历程。所以，保护应该在物质形态保留的基础上，通过各种形式的功能置换融入今天的城镇生活。

4. 激发活力的城市规划设计原则

活力是城市综合素质的集中体现。城市缺乏活力，纵使装扮有美丽的物质外表，也无法捕获内在的城市灵魂。为了避免城市空空荡荡、了无人气的情况，许多城市采用人为"亮化"的策略，即在晚间时分强制要求一批建筑打开灯光，营造灯火通明的繁华景象。这样的做法虽然在一定程度上体现了城市活力，但消耗了大量城市电力资源。

如何获得真正意义的城市活力，适度功能混杂的想法相对有效。有专家指出，纯净的功能划分，无论是在水平方向还是垂直方向，都逊色于混杂的布局。早在20世纪中叶，西方国家就曾通过建筑在垂直方向功能混杂（下部为商场，中部为办公楼，上部为住宅）的方式解决由于单纯办公功能而导致的中心区下午5点过后人气骤减的问题。

目前，在合理布置功能的基础上，设计理应关注"人"的要素，因为"人"是城市活力的来源，尤其是步行的人群，他们的行进速度相对较慢，易于停留和聚集。因此，增强城市活力的另一个重要方面就在于坚持贯彻行人优先的思想，为行人的活动与聚集提供场所，即步行区域。

影响步行区域设计的要素很多，首要是正确地选址，强调以步行休闲活动为依托，设置在大型居住区附近，或利用购物、景观等资源优势吸引步行人流。

在交通上，要求具备良好的出行条件。步行街区两端往往设有公交点与换乘站，或是直接允许公交车驶入步行街；主要出入口处须设置足够的自行车与机动车停车场地；如果步行街两侧设有商铺，宜在商铺背侧增设与步行街平行的支路，形成商铺货运辅道，避免流线干扰。

在尺度上，步行街长度一般控制在300～1000m，宽度设定在12～20m，既保证人流的正常移动，同时留出充足的休闲娱乐空间。步行街沿街建筑高度以2～4层居多，高层建筑以后退为宜。

在空间上，由于步行街多为线性布局，设计中应避免形成单调冗长的空间，宜通过沿街建筑的退缩、围合以及道路线性的变化形成别致曲折的空间感受。常见的做法为每隔150～200m在线形道路中加入一个扩大的"场"空间，形成较大规模的驻足场地，如广场、庭园等，如此通过多个"场"空间的串接，形成高潮起伏的步行街空间序列，保持对市民的持续吸引力。

1.2.2 城市规划建设的方法步骤

实践中的城市规划设计通常是一个较为长期的过程。在城市规划设计的各个工作阶段中，方案设计是提纲挈领的重要工作。在这个阶段，设计者需要研究规划设计条件，针对规划区域构思和确定规划理念、思想和意图，对各个物质要素进行空间布置，然后将设计思维进行整理、记录和形象化，提出具体的建筑空间组织、环境景观规划、绿地系统构建、交通系统组织，并用专业的图形和文字规范地表达出来。

一般而言，规划设计有两个目的：一个目的是把我们对城市中的一个区域或一个空间带入有序发展的需求和愿望，与现状的物质和精神状况联系在一起，并最好地服务于未来的发展需要；另一个目的是对一个地区的发展过程进行指导。无论哪一个目的，都需要规划师对该地区的现状情况、存在问题、形成原因及该地区的各种发展可能性和相关人群的发展意愿进行充分的了解和把握，这就是规划设计现状调查的目的。作为客观因素和基地各种特征的综合，都将被作为规划设计的基本条件，成为规划师进行思考和设计过程中的重要环节。城市建设的规划是一个非常庞杂的题目，要求规划师必须对自己的任务进行界定，对每一个工作重点进行梳理。在接受一项规划设计任务之后，需要对工作思路进行梳理并考虑规划步骤。具体如下。

1. 现状资料的调查与分析。厘清任务所在区域的物质和精神特征，并了解现状中有哪些是需要保护的有价值的要素，应当在规划中作为预设加以考虑。

2. 现状要素的关联性。规划场地满足哪些功能，如何在宏观层面和微观层面进行评价。

3. 不利因素。现状用地有哪些不利因素（交通、污染等）必须进行改变和完善，要了解导致缺陷的原因，并从广义和狭义影响来看存在哪些相互作用和依赖性。

4. 规划目标。基地在哪些方面有发展潜力，实施后有哪些影响，需要考虑哪些限制条件。

5. 规划对策。如何分解规划目标和设计理念。

6. 概念设计策略。如何设计解决方案，借助何种可能性，规划会产生哪些影响（基础设施、生态、交通等），如何达到平衡，并且要厘清有哪些示范性的经验可供借鉴。

1.2.3 城市规划基地要素分析

1. 自然要素

城市规划基地的自然要素主要涉及以下四个方面，如图 1.2 所示。

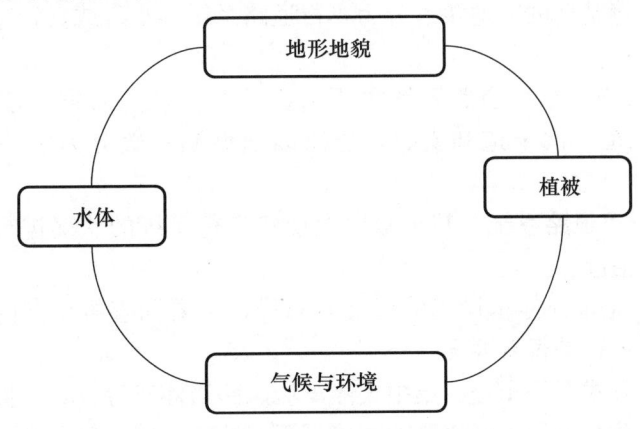

图 1.2 城市规划基地的自然要素

（1）地形地貌。规划基地的地形地貌是探讨空间发展可能性和确定空间结构及形态的基本条件。基地的地形地貌越复杂对设计的影响越大，主要影响土地的使用、空间划分、建造可能性、道路建设、自然景观及建筑个体和整体的造型、细部设计、与气候的关系等。

（2）水体。水体可分为：流动的自然水——溪流、河流等；静态的自然水——池塘、湖泊、水库等。

水体是自然景观中具有显著特征和体验价值的地貌形式，同时它们又在自然界自身的活动中扮演着重要角色。一般情况下，水体是重点保护对象，调查中需要重点关注水体的断面尺度、形式、作用及其所影响的周边区域（植物和动物的生活空间）的情况，要作为整体一起加以考虑。

（3）植被。舒适健康的生活环境中不可缺少丰富的植被系统。在进行现状调查时，必须给予植被高度的重视，尤其是乔木类的植被类型对自然景观、气候、空气净化和人的体验都有很重要的价值。尽量做到在设计时保护每一棵树。

为了避免妨碍树木的生长，需要为树木划定一个保护范围，这个范围一般至少与树木的树冠直径相称。树木的大小决定保护范围的大小。树木的大小分类如下：第一类树冠直径为7～10m（例如悬铃木属）；第二类树冠直径为5～7m（如刺槐）；第三类树冠直径为2～4m（例如槭树）。一般树木的安全保护范围在3～5m之间，第二、第三类树木还可以种植在地下车库的上方。

（4）气候与环境。基地内的小气候在基地分析和空间使用性质选择时也备受关注，建筑物位置的选择与基地的地形、风向、植被都有很大的关系。

2. 空间要素

（1）土地的使用功能与产权。对于基地的用地从使用功能的角度进行分类并做标识，每种用地的边界范围要清晰（用地性质的分类按国家用地分类标准统计）。不同的用地又有不同的权属关系，要分别记录。

（2）建筑物（含建筑数据）。基地内现有建筑物的情况是调查的重点项目，需要掌握各类建筑物的详细情况。

（3）道路。道路交通是衡量基地可达性的重要特征，也反映了基地对外交通联系的便捷程度。通常可将基地的交通条件分为车行道路系统、步行或自行车道路系统和停车设施三个方面。

① 车行道路系统。车行道路系统主要为机动车行驶的通道，按城市道路等级可分为快速路、主干道、次干道和支路；道路断面型制一般分为一块板、两块板、三块板。

② 步行或自行车道路系统。基于基地内现状步行系统的状况进行判断，梳理慢行系统的组织及布置情况。

③ 停车设施。基地内停车设施的配置和布局，主要调查机动车的停车方式、出入口的位置与车行或步行是否有冲突。

机动车的停车方式有停车楼、集中式停车场、路边停车等方式。停车楼和停车场重点关注出入口与机动车道和步行道路的衔接是否有冲突，路边停车则要综合考虑道路的通行能力及对步行的干扰。

1.2.4 城市规划设计目标分析

1. 评价与描述外部关系分析

评价与描述外部关系主要是考察基地与周边环境的结构性关系，可以扩大到与更大空间和功能的关系，具体如下。

（1）基地与周边交通的关系分析，主要考察基地周边的城市道路系统、慢行系统的主要通道和到周边公共交通站点的联系，评价基地的可达性。

（2）基地与周边公共服务设施的关系分析，主要考察基地与周边城市公共服务设施（例如与不同等级的商业设施、文化娱乐设施、教育设施、体育设施等）距离关系，评价基地的综合服务水平。

（3）基地与周边开敞空间的关系分析，主要考察基地周边的整体生态环境的形态特征，与公园、广场、水体等开敞空间的联系，评价基地的空间环境质量。

（4）基地与周边建筑空间的关系分析，主要考察基地周边的建筑形式、建筑密度、空间形式、建筑使用状况，评价基地周边的建筑环境质量。

（5）基地周边的土地利用，主要考察基地周边的土地使用情况，包括土地使用性质、规模、等级等内容，评价基地未来可能的土地使用方向。

2. 基地的用地适应性分析

对基地的地形地貌、地质条件、生态条件、污染状况等情况的分析，可以对基地内的具体地块进行土地的适宜性评价，分为适宜建设用地、一定条件下适宜建设用地、不适宜建设用地和不允许建设用地。

3. 现状要素关联性分析

将基地周边与基地内部的相关用地条件、交通条件、公共服务设施等各要素在平面图上予以综合性的表达，分析各要素之间的关系，从中找出基地建设项目需要解决的消极因素、消极空间和矛盾冲突，并分析其存在的原因。针对分析结果，特别是基地的不利条件，提出相应的解决措施，以备在方案设计时予以全面解决。

不同的规划设计项目有不同的规划诉求，基地的基础条件又千差万别，因此对现状基地的分析也会根据不同的设计要求和发展条件而有所不同。虽然不能穷尽所有的地块，但可以对大部分用地进行分类，总结其分析方法。整体来看，可以把用地分为城市更新型用地和城市开发型用地两大类，在进行规划基地分析时对两种用地分析的侧重点会有不同，详细的分析内容如表1.1所示。

表1.1 规划基地内部要素关联性分析一览表

内容	城市更新型用地	城市开发型用地
场地基本条件	分析地形、水域、土壤（质量、承载力）、植被、生态价值、污染等方面的不利因素，提出可能的解决方案	分析地形、水域、土壤（质量、承载力）、植被、生态价值、污染等方面的不利因素，提出可能的解决方案

续表

内容	城市更新型用地	城市开发型用地
规划用途	1. 现状用地性质与规划用地性质是否一致？若不一致，用地性质是否会与周边用地发生冲突？ 2. 基地内部的用地性质是否需要做调整？结合周边设施情况，综合判断所应调整的规划用途	1. 规划土地使用性质是否需符合城市未来的发展方向？需要通过社会—经济层面的论证来确定具体的使用性质； 2. 考虑城市未来发展的需求，对基地的基础设施和公共服务设施进行相应的规划设想
建设要求	1. 对基地内保存建筑进行分类，确定需要哪种建设方式，修缮、改建或重建？ 2. 对基地内新建建筑在功能、形式上提出具体的设计要求，特别是在有历史文化氛围的老城区，应给出详细而具体的设计目标	1. 对基地的整体空间结构提出规划构思和具体方案，综合论证后详细确定每块用地的建设规模、建筑密度； 2. 在实施层面对具体建筑提出建设要求，结合地形地貌和基础设施进行详细的场地规划
道路组织	1. 现状车行道路是否满足车行交通流？若不满足，是否有拓宽道路的可能或通过调整用地性质等手段来解决矛盾？ 2. 基地步行交通是否成体系？若不成体系，有几种方式可以整合利用？ 3. 基地内部的人行和车行道路的出入口是否合理？若不合理，如何调整？ 4. 基地内静态交通的现状矛盾是否突出？有哪些解决方式	1. 结合基地周边城市的道路系统，统筹安排基地内部的车行道路网结构；可以对几种路网结构进行综合评价，取其最满意的形式； 2. 与车行道路系统相适应，规划步行道路系统，通常会一起进行考虑； 3. 合理安排基地的人行和车行道路出入口； 4. 预测基地内部静态交通的规模，针对具体规模提出解决方案
开放空间	1. 基地内开放空间的规模是否满足需求？现状建设质量如何？ 2. 判断现状开放空间布局的合理性，是否需要改善布局模式？ 3. 现状开放空间内的具体设施是否与使用要求相符合？可通过满意度调查给出具体的调整方向	1. 规划基地内开放空间的结构和规模，需综合考虑城市气候、生态功能和视廊的关系以及与城市其他开放空间的连接； 2. 在确定开放空间结构的基础上，针对具体的开放空间层级确定开放空间的可达性及相应的规模和设施布置
空间形态	基地现状空间形态是否与周边整体空间形态相一致？若不一致，是否可以从空间序列、比例、建筑韵律、空间形式等层面提出改进方案	从形态特征、空间轮廓、空间标志、视线关系等方面综合考虑基地未来整体的空间形态和具体的建筑风格

将表1.1中所有的分析结果进行归纳总结，处理好基地的缺陷和相关矛盾冲突，并提出详尽的解决措施，从而可以在下一步进行具体的规划方案设计时给出充分的考虑和安排，这些基础性研究越细致，下一步的规划设计方案就越完善。

1.2.5 城市规划设计方案分析

设计是一个不断发现问题和解决问题的过程，这些问题可能是针对现实的问题，也有可能是具有前瞻性的问题。设计任务是纷繁复杂的，从高密度社区的旧区更新到城市的远景规划，可以涉及各个层面、各级空间，需要先解决每个时间和标准层面的问题，再给出适当的解决途径，最后选择合适的方法。这里的设计方法主要涉及空间功能和技术层面的方法。

1. 城市规划设计中的研究破题

在设计一个项目的过程中，首先需要发现该项目最核心的价值所在，然后通过规划设计手段对城市建设进行预先的谋划。规划设计的价值逻辑本身就是一个从价值发现到价值创造，最后到价值兑现的过程，这种价值逻辑是所有城市设计项目中最基本的思考方式，在强调实施性的项目中更是尤其重要。每个城市都有其存在的价值区段，当我们在做规划设计项目时，应该注重因地制宜，针对其独有的特质研究并做出合理的价值判断。城市中的不同地段都有其独特的价值且充满了丰富多彩的要素，找到其独特的价值，是一个好的城市设计的基础。对规划设计项目而言，主要从以下三个方面进行分析。

（1）区域发展

规划设计项目在城市空间中不是孤立存在的，首先在区域发展层面进行研究，特别是对区域经济发展的研判与价值识别。在做区域价值判断时，重点是掌握区域生产力发展格局、发展重心和发展机遇，而支撑区域发展的交通联系则是重中之重。相关人员只有找到城市的区域交通联系，发现城市是如何通过交通与外界发生联系的，才能在之后的规划方案中有针对性地引导和改变人流的导向，从而确定其在区域层面的定位和功能。

区域层面的分析是有层次的，可以根据规划项目的规模和重要性来确定。一般情况下分为宏观区域层面（如全球层面、全国层面、城市群层面等）、中观层面（如城市层面）和微观层面（如分区层面），层层递进，最终对规划项目的发展定位有较为客观、严谨的评判。以首都都市圈价值评估为例，环北京由内而外形成了首都圈、北京圈、环京圈、京津冀圈，由重要交通廊道形成了城市的区域发展轴线，生态涵养区形成了自然基底。在相同功能板块布局时，就应该充分发挥这种集聚效应，靠近发展轴线进行布置，更加有利于发挥效益的最大化。在远离轴线布置功能板块时，就应该考虑差异化发展，挖掘其独特的潜力，转为特色导向的发展思路。

（2）趋势研判

依据区域发展的评价对规划基地的发展阶段、发展方向和发展要素做详细的思考。一方面可以学习区域新的发展理念和发展模式，另一方面可以准确地把握规划项目的发展定位。

以京津冀地区为例，雄安新区的建设就代表了中国城市建设思路的转变。雄安新区的规划是我国城市建设又一次制度创新、理念创新的典范。雄安新区的规划思考代表着我国最先进与最前沿的城市建设智慧与思路，主要体现在系统生态规划思路、弹性土地管控政策、新兴产业发展模式创新三个方面。

① 系统生态规划思路（"生命共同体"下的系统生态规划）。例如，在雄安新区的规划中，生态空间不再是城市的"底线"，而是城市和区域发展的"前提"。规划思路从以前的不突破底线，转向所有决策优先考虑生态系统，强调人与自然和谐共存。

② 弹性土地管控政策（混合、灵活的"三生空间"弹性用地管控）。在雄安新区的规划用地中，改变了传统规划中的用地性质分类方法，融入了多规合一的思想，按照功

能属性分为生活、生产、生态三类用地，突出用地的弹性管控。

③ 新兴产业发展模式创新（新兴产业"三合论"），一产的环境、二产的模式、三产的效益。未来的城市中心必然是以科技和知识为载体，它能聚集大学、科研、文化等功能，代表最先进的创新与交流，最终实现"源头创新"。以"硅谷"为例，围绕着斯坦福大学聚集着大量创新的高科技公司，依托斯坦福的文化和研发实验室形成了新的城市中心。未来的城市必然是将科技融入城市细节，在为市民提供最方便的生活同时，营造出最优越、最自然的生态环境。

（3）自然历史要素

一个著名的城市不仅需要高楼大厦，更需要其独特的历史积淀。对规划基地所在区域的自然山水格局和历史文化价值进行挖掘也是常见的分析方法，为规划基地独特空间格局的塑造奠定基础。

以我国新疆维吾尔自治区昌吉市头屯河滨水区的城市设计为例，基地位于昌吉市西部待开发地区，头屯河的西岸，是"新疆文化"的汇聚区和未来文化创意产业的先导区。方案深入挖掘城市的历史文化内涵和山水自然格局，遵循城市文脉，通过对空间功能组织、建筑形体组合、文化活动策划、旅游线路设计等各种策略，展现昌吉市头屯河滨水区的活力。该方案的特点是，一方面彰显了城市独特的文化内核和历史印记，将其与文化产业相结合，作为城市未来的发展引擎，着力打造城市独特的文化魅力；另一方面尊重保留独特的山水格局，特别是滨水岸线的设计，与文化活动相结合，凸显了基地的独特山水文化特色。

2. 城市规划设计中的功能组织

功能组织是规划设计的核心内容，一个规划方案的功能布局应该具有相当严密的逻辑。它包括功能组织、分区、匹配与关联互动，也包括功能内涵与容量，根据不同的功能与空间组织需要形成不同的模式、秩序与章法。例如采用中华传统营城手法独具特色的雄安新区总体规划设计。南北中轴线展示历史文化，突出中轴对称，疏密有致，灵动布局；东西轴线利用交通廊道串联城市组团，形成了"一方城、两轴线、五组团、十景苑、百花田、千年林、万顷波"的空间意象。整体规划按照中华传统营城理念，形成布局规制对称、街坊尺度宜人的中心"方城"；按照功能完整、疏密有度布置五个尺度适宜、功能混合、职住平衡的紧凑组团，将重拾文化自信，文化传承提高到前所未有的高度。

（1）街道与建筑群落的尺度与章法。雄安新区的起步区内，新建筑绝大多数将以多层为主，不会高楼林立。街道尺度将会满足日常生活的需要；街道与建筑之间更加开放与便利；街道断面设计将以慢行交通需求为核心；第五立面充分展现出传统城市的丰富层次和优雅韵律。

（2）社区空间的尺度与章法。雄安新区提出打造15min社区生活圈，社区采用组团化布局，避免钟摆交通，强调职住平衡，每个组团发展20万～30万人，组团内就业、休闲、娱乐、居住自成体系。社区内各种功能高度混合，不会泾渭分明地分为住宅楼和写字楼，各个城市组团也不会按照使用性质来划分，避免居住和工作分离。

不同于传统以人均服务面积来衡量的标准，雄安新区提出体验式指标，以人均公园面积、绿色交通出行比例、公共交通占机动化出行比例、15min社区生活圈覆盖率等新型指标体系来衡量城市的空间品质。

3. 城市规划设计中的形成方案

方案设计指的是如何在方案空间中落实理念与价值体系。城市规划设计以空间为载体，塑造城市空间也是规划设计的主要目的和核心任务。城市空间有多种表现形式和塑造方式，通过针对性和富于创意的空间组织塑造，以适应功能需要实现预期价值。在空间诸多特质中，空间尺度、空间关系和空间边界是最为重要的，需要在规划方案中重点考虑。

城市设计是城市空间塑造的主要手段，包括了以下要点：山水格局、城市肌理与形态、开敞空间系统、建筑群落与建筑风貌、场所活动与环境艺术。将以上整个城市设计过程，逐一分析表达，形成一个完整的城市设计方案，以北京市门头沟区三家店村区域城市设计为例，展示城市设计的整个思考过程和最终成果表达。

三家店村是北京第一批传统保护村落，位于北京市石景山区与门头沟区交界处，是西山文化古道的开端。传统村落的保护与传承一直是有争议的课题，如何与现代城市共生更是没有固定的发展模式，三家店村也正处于这样的尴尬境地。随着现代城市功能和文化的不断演进，传统的商贾文化和驿站文化已经没落，具有传统风貌的三家店村也逐渐被外来人口所占据，成为名副其实的城中村，目前村落整体环境一般，没有活力，除了几座保存较好的传统院落还能依稀看出其昔日的繁华之外，已然没有了往日的喧嚣。如何拯救三家店古村落，使其在城市发展过程中仍具有活力，成为相关人员着重需要考虑的问题。方案中对古村落及其周边地区做了全方位深入剖析，从生态环境、产业创新、空间重组和活力再造四个方面给出设计策略，最终形成完整的设计方案。

4. 城市规划设计中的设计管控

规划设计的最终目的是指导城市建设，以规划为依据进行建设管控是实现高品质城市环境和有序建设的必然途径，也是城市功能实现和预期价值兑现的重要手段。设计管控一般分为法定管控和引导管控两种方式。其中，法定管控是指通过编制法定规划，通过规划许可制度实现用地管控、设施管控、指标管控；引导管控是指通过城市设计导则与指引干预建设工程中的形态管控、风貌管控、特色管控。一般情况下，设计管控的内容有两种实现途径：一是可以与控制性详细规划相结合，通过控制性详细规定分图则的形式呈现；二是可以编制城市设计导则，有针对性地解决城市空间问题。

城市规划设计重要的特点是因地制宜和因势利导。因地制宜是源于规划师敏锐的观察、激情的感知和理性的分析；因势利导在于不囿于手法、不拘泥于形式、有目的地创新。只有将逻辑、理念、手法、创新等融会贯通，才能做出好的规划设计方案。

1.3 城市更新概述

1.3.1 城市更新的内涵

1. 城市更新的定义

1953年，美国住宅经济学家Miles Colean率先提出了城市更新的概念，其目的是恢复城市的生命力，提高城市土地的使用效率。1958年，在荷兰召开的第一次世界城市更新大会上，专家明确指出未来城市改造的重点，即满足人口城市化过程中各类需求，提高城市人口承载力，强化城市中心区土地的作用，重建城市社区，清理贫民区，并改善城市的物质环境与生存条件。同时，他们对城市更新的概念进行了详尽阐述，即城市居民有各种活动需求，如娱乐、购物、出行、居住等，为了创造良好的城市环境，人们会提出一系列的改善要求，这些改善要求是城市更新的关键。

2002年，彼得·罗伯茨在他的《城市更新手册》中明确指出，城市更新是通过一种整体性、综合性的观念和行动，解决各种城市问题，规划长期可持续的城市发展和改善，特别是针对那些在物质环境、社会和经济方面处于不断变化的城市地区。

深圳是我国最早进行城市更新体系探索的城市，关于城市更新的概念，在其2009年发布的《深圳市城市更新办法》中有着明确界定：对城市建成区中的部分区域进行拆除重建、功能改变或综合整治，具体来说，这些区域包括旧屋村、城中村、旧住宅区、旧商业区、旧工业区等。

我国许多城市已经发布了关于推进城市更新工作的各项政策法规，并开展了一系列实践活动。在推行城市更新政策的城市中，北京、上海、深圳、广州表现最为突出，从各地区执行的更新条例中能够看出，北京和广州对城市更新的界定较为一致，即对城市功能与城市空间形态进行优化调整与持续完善，而上海与之略有不同，它提到了对本市建成区的城市功能与空间形态进行可持续改善的建设活动。通常可以将其归纳为两个特点：其一，具有较强的针对性与专门性，针对特定地区与特定事务，通过处理各类城市问题，使得城市病现象得以解决；其二，此类模式为以工程项目导向为主，更加强调短、平、快，使得问题解决的效率得到提高。

《中华人民共和国国民经济和社会发展第十四个五年规划和2035年远景目标纲要》明确指出实施城市更新行动，自此，城市更新上升到国家战略层面。城市更新是一个相对复杂的系统，需要从金融、资本、技术、政策等方面入手，对城市中存在的各类问题进行解决。具体来说，就是将城市整体作为行动对象，以新发展理念引导大众行动，基于城市体验评估，通过对城市规划建设进行统筹管理，促使城市高质量发展得以实现。

城市更新是一种旨在恢复城市生命力和提高城市土地使用效率的概念。它是通过一种综合性、整体性的观念和行动，解决城市在物质环境、社会、经济等方面所面临的各种问题，并为那些处于变化中的城市地区规划长远可持续的发展和改善。城市更新的核心任务是重建城市社区、清理贫民区，进一步强化城市中心区土地的作用，从而改善城市的物质环境与生存条件，提高城市人口承载力，满足人口城市化过程中的各类需求。城市更新的目的是创造一个良好的城市容貌和生活环境，满足居民的各种活动需求，如娱乐、购物、出行、居住等。因此，城市更新是一种全面的、长期的、可持续的城市发展规划和行动。

2. 城市更新的影响因素

城市更新的影响因素是指在城市更新过程中，影响城市更新实施和效果的各种因素。城市更新的影响因素非常复杂，它们相互作用，共同影响城市更新的进程和结果，城市更新的实施需要全面考虑这些因素的相互作用和影响，制定出科学合理的城市更新计划，并保证城市更新的实施效果。

（1）政策环境

城市更新政策是城市更新的前提和保障。政策的制定和执行会直接影响城市更新的方向、速度和效果。例如，政策的支持程度、政策的适应性、政策的稳定性等。政策的支持程度越高，城市更新的实施就越顺畅，效果也越好。政策的适应性要求政策制定者能够针对不同的城市更新需求，制定相应的政策，才能更好地推进城市更新工作。政策的稳定性则要求政策制定者要具有长远的眼光和战略思维，避免政策的频繁变动给城市更新带来的不利影响。

（2）市场环境

城市更新的实施需要大量的资金和投资，市场环境的变化会对城市更新的资金来源、投资主体、投资规模等产生影响。市场环境的好坏也会直接影响城市更新项目的推进和效果。例如，当市场环境好时，城市更新项目的融资难度相对较小，投资主体更愿意参与其中，资金来源也更加广泛。反之，当市场环境不佳时，城市更新项目的融资难度较大，投资主体的积极性也会受到影响，资金来源也相对较为有限。

（3）社会环境

城市更新的成功需要广泛的社会参与和支持，社会环境的变化会对城市更新的意愿、方式和效果产生影响。例如，居民的参与程度越高，城市更新的效果也会越好。社会资本的积累越多，城市更新的资金来源也就越多，城市更新的效果也会越好。社会支持的程度越高，政策的执行和城市更新的实施就越容易得到认可和支持，城市更新的效果也会越好。

（4）技术环境

城市更新的实施需要各种技术手段和工具的支持，技术环境的变化会对城市更新的效率和质量产生影响。例如，技术的更新和应用可以提高城市更新的效率和质量，减少成本和资源浪费，提高城市更新的可持续性。技术的成本和效益则会影响城市更新项目的融资和可行性分析，对城市更新的进程和效果产生影响。

（5）自然环境

城市更新的实施需要合理利用和保护自然资源，自然环境的变化会对城市更新的可持续性和效果产生影响。例如，自然资源的供给和需求会直接影响城市更新的实施和效果。城市更新需要消耗大量的土地和水资源，而自然资源的供给是有限的，因此城市更新必须合理利用和保护自然资源，确保城市更新的可持续性。环境保护的要求和成本也是影响城市更新的重要因素。城市更新需要遵守相关环保法律法规和标准，保护生态环境和生物多样性，以保证城市更新的可持续性。此外，环境保护也需要耗费一定的成本和资源，这也会对城市更新的实施和效果产生影响。

1.3.2 城市更新的基本内容与方式

1. 城市更新的基本内容

城市更新作为城市发展的重要战略手段，涵盖了众多的领域和方面，其中包括城市产业结构、城市规划、城市经济、社会文化等。为了有效推动城市更新的实施，必须对城市更新的基本内容进行深入探究和分析。

(1) 城市产业结构调整与主导产业选择

城市产业结构是指城市经济中不同产业的组成和比重。在城市更新中，需要进行产业结构调整和主导产业选择，以适应城市发展的需要。首先，要对城市产业结构进行分析和评估，了解不同产业的发展潜力和特点。然后，确定主导产业，即在城市经济中发挥主导作用的产业，制定相应的政策和措施，支持主导产业的发展，促进城市经济的升级和转型。

(2) 城市性质与功能定位

城市的性质和功能定位是指城市的定位和定位所涵盖的功能范围。在城市更新中，需要根据城市的地理位置、资源禀赋和发展需求，确定城市的性质和功能定位，以指导城市的发展方向和规划。

(3) 确定城市人口适宜性规模

城市人口适宜性规模是指城市所能承载的最适宜人口数量。在城市更新中，需要考虑城市的资源环境承载能力和社会经济发展需求，确定城市人口适宜性规模，以保障城市的可持续发展。

(4) 确立城市开发强度

城市开发强度是指城市用地开发和建设的强度和密度。在城市更新中，需要根据城市的用地规划和发展需求，确定适宜的城市开发强度，以保障城市的空间利用效率和生态环境的保护。

(5) 对城市空间形象进行定位

城市空间形象是指城市在空间上所呈现的外观和形态。在城市更新中，需要对城市空间形象进行定位，明确城市形象的定位方向和目标，以促进城市形象的改善和提升。

(6) 城市用地布局与结构调整

城市用地布局与结构是指城市用地的分布和布局形式。在城市更新中，需要进行用地布局和结构调整，以优化城市用地结构，提高城市用地利用效率，并实现城市发展和环境保护的协调。

(7) 道路交通系统更新

道路交通系统是城市交通的重要组成部分，对城市的交通流动和经济社会发展具有重要作用。在城市更新中，需要对道路交通系统进行更新和优化，以提高城市交通效率和交通安全。

(8) 城市文化更新

城市文化是城市的软实力，是城市吸引力和竞争力的重要因素。在城市更新中，需要进行城市文化更新，强化城市的文化特色和形象，以提高城市的吸引力和竞争力。可以通过文化产业的发展、文化设施的建设等方式来推动城市文化的更新。

(9) 城市更新实施的措施与建议

城市更新实施的措施和建议是指具体的实施方案和措施，包括政策、技术、管理等方面的建议和推荐。在城市更新中，需要制定相应的实施方案和措施，以确保城市更新的实施效果和成效。可以通过政策引导、技术支持、管理措施等方式来推动城市更新的实施。

2. 城市更新的方式

通常来说，城市更新方式大致可以分为三种类型，即再开发、整治改善及保护。

（1）再开发

再开发的对象一般指的是城市生活环境要素，如市政设施、公共服务设施、建筑物等的质量全面恶化的地区。上述要素难以通过其他方式重新适应城市发展需求。此类不适应一方面妨碍了经济活动的正常开展以及城市的未来发展，另一方面还使得居民的生活品质不断下降。故此，必须对原有建筑物进行拆除，并从整体角度出发，对整个地区进行重新规划与调整。其中对于旧城区的改造内容应当涉及城市空间景观营造、停车场地的设置、新建或者拓宽原有街道、设置或保留公共活动空间、建筑物的规模与用途定位等。在此之前，要求全面做好现状调查，包括本地区以及相邻地区的实际情况。建筑重建是一种最为彻底的城市更新方式，但是这种方式均可能对不同方面产生不利以及有利的影响，包括在社会环境和社会结构的变动方面、在城市景观和空间环境方面。与此同时，其具有较大的投资风险，因此只有在确定没有任何其他方式可以替代时才可以采用。

（2）整治改善

通常来说，我们将其他市政设施和建筑物尚可使用，但是因年久失修而出现的环境不佳、建筑破损、设施老化的地区视为整治改善的对象。对整治改善地区也应当进行详细的分析与调查，通常可以将其分为如下三种情况。

① 如果建筑物经过一定的更新、改善与设备维修之后，在未来一段时间内还能够继续使用，那么应当根据不同建筑物的实际情况进行改建。

② 当建筑物遇到部分情况时，则需要具体问题具体分析，采取与之相对应的措施使问题得以解决，例如更改土地与建筑用途，拆除部分建筑物等。具体情况大致可以分为四种：其一，建筑物或土地使用不当；其二，因建筑物或土地使用不当所导致的通行不畅、交通拥堵等情况；其三，建筑物密度过大；其四，建筑物通过更新、改善、维修设备后仍然无法正常使用。

③ 当公共服务设施的布局不当或者缺乏成为该地区的主要问题时，则应当对该地区的公共服务设施的布局与配置进行重新调整或增加。

与重建相比，整治改善所需要花费的时间相对较短，也能够在一定程度上使安置居民的压力有所减轻，投入的资金也相对比较少，此类方式对于那些无须重建，仅需通过更新便能恢复使用的建筑物或地区较为适用。改善旧城区居民的生活环境，防止城区继续衰败，是整治改善的最终目的。

（3）保护

对于环境状况或历史环境保持良好的地区比较适宜采用保护措施。在众多城市更新方式中，环境能耗最低、社会结构变化最小的方式便是保护。从本质上看，保护属于预防性措施，在历史地区和历史城市比较适用。

外部环境是历史地区保护最为关心的部分，对于历史地区居民的生活应当给予足够的重视。故此，应当对真实的历史遗存、历史城区的整体环境与传统风貌给予一定的保护。最大限度地确保当地居民生活条件得到改善，鼓励他们积极参与到地段内基础设施的改善与建设中来，从而更好地适应现代化生活的需要。除了需要对物质形态环境加以改善，还应提出相应规定来对建筑物用途及其合理分配与布局，人口密度、建筑密度进行限制。

1.3.3 城市更新的基本特征

从本质上看，当代社会的城市更新，与以往的城市翻新、城市改扩建、城市维修有所区别，其基本特征体现在以下五个方面。

1. 城市更新实质上是一种干预活动

城市由初步建成到发展成熟有其内在规律，市场在城市发展中发挥着一定作用。从市场角度出发，所谓城市更新指的是改变城市已有的发展方向，通过对市场力量大小与结构进行调整，使得城市的发展内容与发展速度发生改变，故此，我们认为这是一种尤为明显的外部干预。城市更新政策的制定者应当对城市运行与发展的客观规律有所了解与掌握，只有这样，才能制定出科学合理的政策与实施方案，促使城市更新达到预期效果。

2. 城市更新涉及部门较多

城市更新不仅涉及政府部门的规划和执行，还需要私人部门和社区的积极参与。从整体上看，城市更新是一个具有复杂性、系统性的行为，在具体的实施过程中，会影响到社会各方面的多种关系，因此，在推进城市更新建设工作时，需要兼顾到社会方方面面的需求，认真听取各方合理意见与建议，使其能够从中获得满足；从某种角度出发，城市更新应当是一个多方共赢的行为，最大限度地激发出社区部门的工作积极性，发挥其纽带作用，将私人部门与公共部门的需求有机地结合在一起。

3. 城市更新是因体制变化而发生的一种行为

从本质上看，城市更新是一种反映，其反映对象是处于变化状态中的政治、经济、社会、环境等状况。一座城市在一定程度上可以反映该地区集聚的经济活动发展状况，不同的城市组织形态基于具有差异性的城市要素结构得以形成，并且发挥着各自的城市组织功能。每当城市的政治、经济、社会与环境状况发生改变时，这座城市的组织形式与组织功能也会发生相应的变化，从而为城市更新注入新动力。城市更新的关键在于通过机制的重新设计，促使多方主体的利益能够平衡重新分配。城市发展重新分配的常态过程就是城市更新。

4. 城市更新需要最大限度地调动集体力量

通常来说，城市运行的内容会伴随城市更新而发生不同程度的变化，对私人、社区以及公共部门的利益产生或大或小的影响。鉴于此，城市更新具有多种属性与功能，一方面是利益最大化方案的制定途径，个人利益的协调平台，另一方面又可以最大限度地发挥集体力量、凝聚人心。

5. 城市更新实际是一种政策行为的实践过程

这些政策与行为的目的在于促使支持相关建议的体制得以发展，使得城市地区条件得以改善。从经济资源优化配置视角出发，当城市发展过程中出现政治、经济、社会、环境状况的变化时，其城市生产要求的构成形态也会随之发生一定的改变，以适应城市发展需求，如果从城市更新层面分析，这种变化体现在不同时期的政策与方式的差异方面，其本质就是通过城市更新适应人们不同时期的具体需求，从而促使人民的生活品质得到提高。

2 宜居城市规划设计

2.1 宜居城市评价指标体系

2.1.1 国内外宜居城市建设情况

1. 国内宜居城市的发展

进入21世纪,《北京城市总体规划(2004年—2020年)》(以下简称《总体规划》)中确定了"国家首都、国际城市、文化名城、宜居城市"的城市发展定位,并首次提出"宜居城市"概念,标志着我国"先生产、后生活"的城市规划建设理念发生了转变。继北京之后,全国又有大连、杭州、长沙等20多个城市提出了建设宜居城市,这昭示着"宜居城市"成为我国城市建设的新目标。

(1) 北京市

北京生态和宜居城市的建设,注重增强城市和区域持续发展的能力,强调区域的整体发展;在结合自然环境承载力的基础上,定量地分析出土地最大允许承载人数,并运用生态规划的方法指导景观建筑规划、园林规划或土地利用规划等,加强自然环境及历史文化遗产的保护。

(2) 大连市

大连是我国较早获得"联合国人居奖"的城市之一,具有优美的自然环境、便利的生活服务设施、畅通的交通和良好的公共安全设施,城市空间发展更突出山水特色,形成了"蓝天、碧海、青山"的特色风貌和景观格局。

(3) 杭州市

杭州以江、湖、河、海、溪"五水共导"为治水理念,通过实施西湖综合保护、西溪湿地综合保护、运河综合保护、河道有机更新、钱塘江系生态保护五大系统工程,疏通城市脉络、改善城市水质,保护优化城市的自然生态和人文生态系统,有效解决了现代城市不断扩展与自然生态日益萎缩的城市发展矛盾。做到人、自然、文化三者的完美结合,营造了"水清、河畅、岸绿、景美"的亲水型"宜居城市"。

(4) 长沙市

2008年,长沙市委、市政府决定在5年之内,由政府投资800亿元拉动2000亿元的投资,初步把长沙建成宜居城市、幸福家园。其"宜居城市"的建设主要在充分尊重城市历史和个性的基础上,通过规划和建设,让城市空间更合理。主要原则包括:第一,坚持全盘统筹规划,既要考虑城市的美感和风格,又要考虑居住、生活的方便舒适,既要考虑城市建筑外观的大方,又要考虑建材的绿色环保;第二,注重整体风格规划;第三,强调以规划引导项目,以规划指导建设。

2. 国外宜居城市的发展

21世纪人类进入了"城市世纪"和"生态世纪",人们更关注人与自然的协调发展,经济与生态环境的协调发展,希望自己生活的区域能更有效、更迅速地防治污染危害,生产与生活环境质量随经济的发展而越来越好。在这方面,英国、法国、日本、加拿大、德国、阿根廷、韩国等国家作出了很好的示范。

(1) 英国

英国在城市规划中,把人居环境的营造、人文关怀、生态环境保护和经济可持续发展等置于重要地位,2004年发表的《伦敦规划》中,将"宜人的城市"作为核心内容之一加以论述。

(2) 法国

20世纪60年代至70年代,法国建设了大量住宅,缓解了住房紧张的问题。而20世纪80年代,法国人居环境建设逐渐转向了解决住区的资源与环境、居住功能单一、公共设施缺失等矛盾,为此,法国政府进行了大规模的城市住区改造工作。

(3) 日本

日本政府在全国建立了城市人居环境检测体系,通过立法和行政干预等方式对城市环境进行保护,强调公众参与,注重环境保护意识的培养,提升普通民众参与人居环境的意识。

(4) 加拿大

加拿大的"宜居区域战略规划"重视协调处理人口增长与资源、环境的关系,谋求可持续发展,使温哥华成为全球最适宜人类居住的地区之一。1992年,温哥华就制定了"城市计划",首次明确城市建设是以社区为目标,形成适宜居住的社区环境;强调多样化的环境、建筑以及文化;发展步行友善的公共空间;创造充满活力的城市中心和社区中心,创造一种地方归属感;强调可持续发展,减少机动车和能源消耗。

(5) 德国

20世纪90年代,德国开始推行生态环保住区政策,通过城市更新改造和城市边缘发展以营造城市中有吸引力的地区,实现城市内涵式发展;在改善环境、恢复自然生态的背景下更新和维护基础设施;发展城市公共交通和非机动交通工具,以推动人居环境的可持续发展。

(6) 阿根廷

阿根廷中西部小城市巴利洛切位于安第斯山脉东麓,风光秀丽,每年吸引大约50万游客,且巴利洛切的博物馆、剧院和电影院,按人均比例计算在阿根廷处于较高水平。另外,它的自然环境和丰富的文化生活已成为吸引人们居住的一个重要因素。

(7) 韩国

2005年,韩国完成的清溪川复原工程是首尔市以清溪川路和三一路及其周边地区为对象,拆除覆盖在清溪川河上的建筑物和高架道路,移走相关设施,恢复该地区原有景观并建设新的环境和设施的工程。它已成为首尔市塑造以人为中心的环境友好型城市,提高首尔都市品牌的形象工程。

2.1.2 宜居城市评价指标体系比较

由于不同机构和学者对宜居城市的内涵理解不同,在评价对象和评价目标等方面也存在差异,导致宜居城市的评价标准也不尽相同。从刻画宜居城市的主客体来看,可归为测度城市物质环境构成的客观评价指标和表征居民感知的主观评价指标两种类型。也有学者尝试把宜居城市主客观评价相结合,以期建立更加综合全面的评价指标体系,但这样容易增加评价的实施难度。通过对国内外代表性的宜居城市评价标准系统梳理,可发现以下特点。

1. 宜居城市评价标准有所不同,但仍有规律可循

由于不同国家或地区社会经济发展阶段和文化价值观的差异,以及宜居城市评价目标的不同,在选取指标时的侧重点也就有所区别,但大多数宜居城市评价均考虑了以下方面:

(1) 城市安全性,是指居住在这个城市是否安全,居民的生命和财产能否得到保障。

(2) 公共服务设施的方便性,包括居民能否享受到便捷的医疗服务、学校教育、养老保障、文化娱乐、交通出行等公共设施的服务水平。

(3) 环境宜人性,即这个城市的环境是否有利于居民健康,包括气候条件、环境污染情况、自然环境舒适性等。

(4) 社会和谐性,指城市是否有浓厚的文化氛围,社会是否包容、公平正义等。另外,也有机构和学者考虑了城市的经济条件、资源承载、国际交往、通信与创新等因素。

2. 宜居城市评价对居民感受考虑不足

现有的国内外宜居城市评价标准主要是基于物质环境构成所建立的指标体系,虽然物质实体环境是宜居城市建设的具体反映,但是追根究底,物质环境还是服务于居民,由于出发视角不同,衡量宜居城市的标准也有所不同,甚至评价的结果也会差距甚远。例如,以客观指标反映的城市公共服务设施供给充足,并不意味着居民对公共服务水平感到满意,这是因为居民的主观感受虽然受到客观存在的影响,但同时还与其自身的社会属性密切相关,因此居民感知评价也是检验城市宜居环境质量的重要标准。正因为不同的专家和机构从不同的角度和视角对宜居城市有不同的理解,因此评价宜居城市的指标体系也各有不同。下面主要对国内外典型的几个宜居城市评价体系进行分析比较。

(1) 中国城市科学研究会:《宜居城市科学评价标准》

2005年1月,国务院批复《总体规划》时,首次提到"宜居城市"这个新的城市科学概念。随后,在全国多次城市工作会议中提出,"建设宜居城市"为城市规划的重要内容。尽管"建设宜居城市"的号召已经发起很久,但怎样才算是宜居城市却众说纷纭。

2007年,由中国城市科学研究会编制的《宜居城市科学评价标准》(以下简称《标准》)正式对社会发布。至此,我国宜居城市的规划、建设、管理有了一个导向性的科学评价标准。《标准》将城市分为宜居城市、较宜居城市、宜居预警城市三类。通过社会文明度、经济富裕度、环境优美度、资源承载度、生活便宜度和公共安全度6大指标体系,对城市作出综合评价,并按百分制计算"宜居指数"。其中,环境优美度和生活

便宜度是最关键、最核心的两大指标。《标准》还提出4项综合评定否定条件，与"宜居指数"共同构成完整的评价体系。

该标准只用于科学指引全国各城市的"宜居城市"规划、建设和管理，而对各个城市采用资源使用原则，不打算也不支持任何机构利用《标准》进行宜居城市评选排行活动。

（2）中国科学院：《中国宜居城市研究报告》

2007年，本着指导城市的发展与规划向着能够为居民提供良好的居住和生活环境条件方向发展的宗旨，张文忠研究员在总结了国内外关于宜居城市研究进展的基础上，提出宜居城市应该是个安全、健康、生活方便、出行便利以及居住舒适的城市，并最终从这5方面构建了宜居城市评价指标体系。该指标体系分别从主观和客观2个视角对安全、健康、方便、便捷以及舒适5个方面进行了核心指标的选取，例如安全性指标既包括客观的犯罪率、交通事故率和紧急避难场所，又涉及居民感受到的治安状况、交通安全状况、各种灾害的宣传和管理状况、紧急避难场所状况；又如便捷性指标既包括客观的交通设施数量和等级、交通路线的数量和等级以及距市中心的距离，又涉及居民主观感受，市中心的便利度、通勤的便利程度等。通过以上，可见该指标体系覆盖范围较广。

2016年，以张文忠为负责人的中国科学院地理科学与资源研究所宜居城市研究小组以该指标体系为基础，通过大量居民问卷调查和数据分析，对全国40个案例城市（省会、直辖市和特色城市）的宜居性进行了总结排名。

（3）中国社会科学院：《中国城市竞争力报告》

为有助于全面认识城市竞争力的发展变化和空间差异，进而为有效培育和提升区域城市竞争力提供决策依据和对策建议，自2003年开始，由中国社会科学院主办，每年发布一次《中国城市竞争力报告》，该报告从全球的视角来分析中国城市的整体位置，包括优势、劣势、机遇和挑战，同时提出中国城市的全球竞争战略，为相关省区和具体城市分析自身竞争力，制定提升竞争力的战略提供启示和参考。2022年12月26日，中国城市百人论坛冬季论坛暨青年论坛在线上召开，论坛以"中国式现代化与中国城市发展理论研讨"为主题，会上举行了《中国城市竞争力报告NO.20暨中国城市统一发展经济学》新书首发式。中国城市竞争力第20次报告与前19次不同，从中国城市发展的经验案例中，总结和提炼中国城市经济发展的理论，书写20年"20＋2"个城市的经验案例，从多个角度解释了中国城市和中国经济发展的伟大奇迹。

其中，城市宜居竞争力主要考察了人口素质、社会环境、生态环境、居住环境、市政设施5个方面共14个指标，比如居住环境涉及人均住房面积、房价收入比和每万人餐饮购物场等，反映城市衣食住行方面的情况，又如人口素质涉及大专以上人口比例、人均预期寿命等指标，这些又与城市寿命、生活便利程度等息息相关，从侧面反映一座城市的宜居度。作为城市竞争力报告中的一个方面，该宜居城市指标体系的考察范围较小，安全性因素并未纳入体系。

（4）中国住房城乡建设部："中国人居环境奖"指标体系

为适应联合国人居委员会设立的"联合国人居环境奖"和"迪拜国际改善居住环境最佳范例奖"的需要，表彰我国在城乡建设和管理中坚持可持续发展战略，努力改善城乡环境质量，提高城镇总体功能，创造良好的人居环境方面作出贡献的城市、村镇、单位和个人，2000年住房城乡建设部决定设立"中国人居环境奖"，并根据中国人居环境奖参考指标体系进行考量。2006年，为全面落实科学发展观，构建社会主义和谐社会，住房城乡建设部对《中国人居环境奖申报和评选办法》进行了修订。

（5）国家统计局：建设"国际一流的和谐宜居之都"评价指标体系

为落实中央要求、服务首都发展，北京市统计局、国家统计局北京调查总队以《京津冀协同发展规划纲要》和本市贯彻意见为指导，立足新时期首都城市战略定位，坚持"创新、协调、绿色、开放、共享"的发展理念，会同中国科学院等专家和市相关部门，探索建立了"国际一流的和谐宜居之都"监测评价指标体系，并对"十二五"以来建设情况进行了监测评价。该评价指标体系包括"城市安全""生活品质""环境宜人""社会和谐""开放创新"5个方面。

（6）日本东京大学：《居住环境：评价方法与理论》

浅见泰司（2006年）结合近年来人类地球环境保护意识增强、可持续发展越来越重要的新变化，在世界卫生组织（World Health Organization，WHO）健康的人居环境4个基本理念"安全性""保健性""便利性""舒适性""可持续性"的基础上引入可持续性理念。他对这4项理念的阐释均从人的身体角度出发，即为了维持生命、规避风险的安全性，为了维持健康所必需的保健性，为了在日常生活中消除不便所具有的便利性，为了生活的丰富和愉悦所具有的舒适性，以及为了维持自身之外，特别是下一代人以后的生活环境所必需的可持续性，这4个理念不仅从个人获得利益的角度来考察居住环境，同时考虑了个人对社会作出了何种程度的贡献。

其中，安全性指标中既包括诸如防范性、交通安全性和生活安全性在内的日常安全性指标，又包括诸如灾害总体安全性、火灾安全性、洪涝灾害安全性、地基安全性和地震与城市型灾害安全性在内的灾害安全性各项指标。保健性指标，包括防止公害、传染病预防、自然环境保护等下设指标。便利性指标，包括日常生活便利性、各种设施的利用、交通的便利性、社会服务便利性等下设指标。舒适性指标，包括人为环境的舒适性和自然环境舒适性等下设指标。可持续性指标，不仅包括经济的可持续性指标，还包括环境和社会的可持续性指标。

以上宜居城市指标体系并未对整个指标体进行权重的考量与设计，而是对其中具体指标进行单独评价。例如在对城市的美观性进行评价时，对于空地及步行空间的绿化该指标，若是该地区拥有充分绿化的公园或绿地，加1分；若沿路种植了行道树，加1分；若空地成为乱扔垃圾的场所，减1分。又如土壤面、水面、绿化覆盖率该指标，设定它的基本水准为20%，比较理想的标准是40%以上。

2.2 低效用地再开发与宜居城市建设

2.2.1 低效用地再开发的政策背景及相关概念

我国正处于工业化、城镇化快速发展阶段，城市发展进入存量提升阶段，土地利用逐步从外延式扩张转向内涵式挖潜。从国际经验看，低效用地再开发是城市化发展到一定阶段，为解决国土空间开发过密过疏、资源环境约束趋紧等问题采取的行动，是全面提高资源利用效率、推进土地要素市场化配置的重要内容，也是加快城市绿色转型、促进城乡融合发展的重要途径。

第三次全国国土调查结果显示，城乡低效和闲置土地大量存在，盘活动力不足、周期长、难度大等问题突出，直接影响城市发展质量。伴随着"三区三线"管控、新增建设用地减少，土地资源开发利用已逐步从"增量扩张"到"增存并举、存量优先"，迫切需要大力推动低效用地再开发，促进空间资源提质增效。

1. 有关低效用地再开发的政策沿革

从相关部委政策来看，低效用地的概念最早见于2013年《国土资源部关于印发开展城镇低效用地再开发试点指导意见的通知》（国土资发〔2013〕3号），当时提出"城镇低效用地"是指城镇中布局散乱、利用粗放、用途不合理的存量建设用地。其具体包括：国家产业政策规定的禁止类、淘汰类产业用地；不符合安全生产和环保要求的用地；"退二进三"产业用地；布局散乱、设施落后，规划确定改造的城镇、厂矿和城中村等。总体来看，低效用地是有调整利用空间的在用建设用地，具体表现为土地利用经济效益低、强度低、结构不合理、不符合规划等。

2016年，原国土资源部印发《关于深入推进城镇低效用地再开发的指导意见（试行）》（国土资发〔2016〕147号），进一步明确城镇低效用地是指经第二次全国土地调查已确定为建设用地中的布局散乱、利用粗放、用途不合理、建筑危旧的城镇存量建设用地，权属清晰、不存在争议。制定了"认定城镇低效用地—进行标图建库—编制再开发专项规划—编制再开发实施方案—实施低效用地再开发"的工作程序，从鼓励原国有土地使用权人自主或联合改造开发、积极引导城中村集体建设用地改造开发、鼓励产业转型升级优化用地结构、鼓励集中成片开发及加强公共设施和民生项目建设等五个方面制定了激励措施，并要求以行为发生时点分类妥善处理历史遗留问题。

2023年《自然资源部关于开展低效用地再开发试点工作的通知》（自然资发〔2023〕171号），以城中村和低效工业用地改造为重点，支持试点城市重点从规划统筹、收储支撑、政策激励、基础保障4个方面探索创新城乡低效用地再开发的政策举措，健全节约集约用地制度。文件提出要探索编制空间单元内实施层面详细规划，探索土地混合开发、空间复合利用、容积率奖励、跨空间单元统筹等政策，推动形成规划管控与市场激励良性互动的机制。探索资源资产组合供应，完善土地供应方式，优化地价政策工具，完善收益分享机制，健全存量资源转换利用机制。

从地方实践来看，广东、浙江、江苏、安徽、广西、山东、上海、天津等10多个省（直辖市）相继出台了低效用地再开发政策文件，并结合实际提出了城镇低效用地的认定意见。部分城市结合自身定位及发展特征，提出针对性改造目标，比如上海强调要激发都市活力、增强城市魅力，广州注重传承历史文化、保障社会公共利益，南京明确要优化调整工业布局，沈阳则提出改善城镇基础设施和公共服务设施，推动民生和公共事业发展，充分发挥土地对城镇化健康发展的支撑作用等。

2. 低效用地再开发的概念

由于各地对低效用地再开发开展的时间、工作条线及对象任务不同，主要涉及"三旧"改造、"低效用地再开发"和"城市更新"三种，一些城市即称法一致，其内涵外延也不尽相同。从范围界定上看,建设用地中的布局散乱、利用粗放、用途不合理、建筑危旧的城镇存量建设用地是必选,而闲置废弃、不符合安全生产和环保要求等存量建设用地则被选择性地纳入。从再开发路径上看,无外乎整治、改善、重建、活化、提升等。

低效用地再开发指的是对城镇中不符合现行规划、用途的存量建设用地进行改造再开发,主要包括低效用地认定、低效用地现状评价、二次开发模式的确定等内容。其主要侧重在促进产业转型升级、创新再开发模式、优化土地空间格局、强化土地利用管理、增大再开发效益,为实现土地资源高效配置和合理利用提供更完善的保障体系。自然资源部将广东省率先开展的"三旧"改造及住房城乡建设部的"城乡更新"工作纳入"低效用地再开发"。在部分省份先行先试的背景下,其他省、市均在已有成果的基础上积极开展了相关工作。如杭州的低效用地再开发包括旧城镇再开发、旧厂矿再开发、旧村庄再开发、其他低效用地再开发;南京的低效用地再开发包括低效产业用地(含工业、仓储、物流、科研等用途)、低效商业用地、旧城用地、旧村用地、其他低效用地再开发;无锡的低效用地再开发包括政府收储改造、原国有土地使用权人自行改造、原集体土地所有权人自行改造、市场主体收购改造。

2.2.2 城市低效用地全流程管控体系构建

在遵循新时期城市低效用地管控要求的同时,按照"发展要求—用地评价—时序配置—规划管控—实施保障"的总体思路,构建城市低效用地全流程规划管控体系的技术路线。依据低效用地评价结果,精准配置低效用地再开发时序,从开发时序与用地效率双重维度耦合构建低效用地规划管控模式,创新低效用地再开发实施保障体系,指导城市用地资源的高质量发展。

1. 科学构建低效用地评价体系

低效用地再开发总量确定对落实土地资源要素合理配置具有重大意义,也是低效用地管控体系中的基础环节。为响应新时期发展要求,以实际建设情况、社会经济效益、未来发展趋势和绿色低碳发展为评价依据,构建城市低效用地评价体系。实际建设情况是研判用地自身开发强度,其中用地类型属于准则项指标,现状用地为成熟完善的住宅小区、商业办公、绿地广场和公服地块的地块或者已有改造计划项目的地块,直接认定为非低效用地。社会经济效益作为用地是否高效利用的基础标准,包括用地生产的经济效益和提供就业人口等的社会效益。未来发展趋势是研判用地所处区域的发展趋势,包括开发强度、创新水平和平台资源等内容。绿色低碳发展是生态文明战略在城市建设中的重要体现,包括低碳能耗管理、清洁生产等内容。

2. 精准配置低效用地再开发时序

在确定低效用地再开发总量后,需要精准配置再开发时序,保障低效用地再开发过程稳步推进,这是低效用地管控体系中承上启下的环节。以低效用地评价结果为基础,优先满足重点区域的用地需求,再综合考虑低效用地所处区域特征、再开发难度和相关规划符合性等正负面要素,将城市低效用地按再开发时序分为三类。

(1)近期可开发低效用地。主要为现状用地规模大、区位条件良好,用地权属清晰且权属人有改造意愿,各项规划基本符合情况的低效用地,该类型低效用地可迅速转换为增量空间促进地区发展。

（2）中期可开发低效用地。主要为所处区位条件一般，用地权属人改造意愿不大或者相关规划不完全符合的低效用地。该类型低效用地再开发过程需要一定时间，可作为推动地区持续开发的储备用地。

（3）远期可开发低效用地。主要是指区位条件较差，土地再开发协调难度大，涉及总规三区四线等管控线，该类型低效用地开发过程较缓慢，可作为城市后期发展储备用地。

3. 分期分类制定低效用地管控指引

结合城市发展的各类规划方案，选择适配的提高用地管控处置方法，并与低效用地再开发时序配置方案进行耦合，分期分类制定低效用地管控指引。

（1）提质增效。适合用于工业产业区块线、重点产业园区内的低效用地，结合再开发时序分为快速增效用地和储备增效用地。未来可通过局部改扩建等方式提高用地效率，根据开发时序逐步培育、引入绿色低碳产业。

（2）优化转型。适用于城市核心区、重点发展平台和综合轨道开发区内的低效用地，结合再开发时序分为快速转型用地和储备转型用地。通过用地功能调整的更新改造方法加速用地资源高质量发展，推动服务配套设施共建共享。

（3）减量清退。适用于受到生态保护红线、永久基本农田线等强制管控的低效用地，通常为远期可开发低效用地。未来应逐步腾退转化为农业生产和生态用地，探索通过规模及指标异地腾挪的方式，将用地指标置换到重点发展区，引导用地向重点片区集聚。

4. 创新低效用地再开发实施保障

创新城市低效用地再开发的实施保障机制，支持优质企业采取市场化的方式对低效用地进行处置，探索"土地价值评估—优质企业主体—再开发利用—投入产出考核"的低效用地绩效考核模式，并将再开发成效作为绩效考核的重要依据。建立区域低效用地管理平台，动态监测用地再开发全过程，提高低效用地再开发管理效率。基于片区发展诉求制定产业准入目录和产业负面清单，明确用地管控各项指标，严格管控与地区发展不符的产业进入。

2.2.3 基于宜居城市建设的低效用地再开发策略

1. 坚守生态底线，修复城市生态

低效用地的再开发需要综合考虑城市规划、生态保护、可持续发展等因素，根据生态需求和城市规划目标，制定具有生态价值的再开发方案。

（1）控制蓝线与绿线范围

根据上位规划对蓝绿空间的控制要求，再开发时应明确细化城市蓝线、绿线和涉水基础设施黄线的管控要求。蓝线范围应根据水源保护区、不同河流等设置不同的蓝线控制范围如表 2.1 所示。滨水区的绿线应依据《城市水系规划规范（2016年版）》（GB 50513—2009），根据城市滨水空间的功能需求和水体保护的需求共同确定。同时对城市滨水岸线进行管控，以满足宜居城市生态保护和防洪为前提，植入城市公共空间或者休闲功能，增强滨水空间活力。

表 2.1 蓝线控制范围表

蓝线划定对象	蓝线控制范围
水源保护区	蓝线宽度控制为 50~100m
一类河流	建设区蓝线宽度不小于 10m，非建设区蓝线宽度不小于 30m
二类河流	建设区蓝线宽度不小于 8m，非建设区蓝线宽度不小于 25m
三类河流	建设区蓝线宽度不小于 6m，非建设区蓝线宽度不小于 20m

(2) 进行低影响开发

通过低影响开发可以修补城市生态、完善城市绿地系统。对于城市建筑的再开发，可以采用绿色屋顶或小尺度屋顶植入技术，选用有利于减缓、分散或渗透雨水的设施，利用屋顶雨水补给地下水。同时，可以采用墙面绿化和蓄水池等方式，使雨水可以渗到土壤涵养城市地下水资源。对于城市的开放空间，由于开放空间除了具有过滤与处理雨水的作用外，还具有调节蓄水层、补给地下水、维持河道基流的功能。因此，对公园广场等用地进行再开发时，为增强公园韧性，绿化部分可以采用下凹式绿地、生态树池和雨水花园等方式，以增强雨水的调蓄、滞渗及净化功能。在铺装方面，应选用青石板等透水材料，并根据场地设置蓄水设施，以达到雨水滞渗，传输引导的目的。同时，对于停车设施用地的再开发，可以设计带路沿的雨水处理花园，不仅能够满足停车需求，还能够收集、过滤并储存雨水，从而提升城市生态服务功能。

(3) 构建蓝绿空间网络

对城市的蓝绿生态本底进行调查与评估，以确定当前城市的生态状况。在此基础上，运用生态设计理念和技术，通过合理的景观、植被、排水系统和生态功能区划，修复受损的蓝绿生态要素，缓解因蓝绿损坏而引发的生态环境问题。同时，通过恢复城市受损节点，融入人居环境，促进自然与城市的互动互融，从而构建绿色健康城市人居环境。

(4) 完善绿地系统

通过建设宜居城市生态基础设施，如生态廊道、生态岛等，提高城市的生态功能和景观品质。在低效用地再开发过程中可以规划建设城市生态廊道，将绿化带和湿地相连，形成生态网络，提高城市的生态覆盖率和连通性。

此外，通过低效用地再开发引入城市绿地，并和城市环路以及巷道串联，建立起城市的生命线，为城市核心的生活、工作、娱乐和社交交织新的可能性，将居民与城市的自然环境联系起来，使得居民与游客可以享受到城市的历史、地理和社会环境，增强了城市的生态功能，为城市增添了活力。

2. 运用系统思维，整体推进再开发

(1) 运用系统思维

城市是一个综合系统，应用系统思维进行低效用地再开发，深入了解宜居城市系统的整体性和综合性，综合考虑城市各个要素之间的互动关系，制定出可行的再开发方案，并设立监测和评估机制，以不断优化再开发成果（图 2.1）。

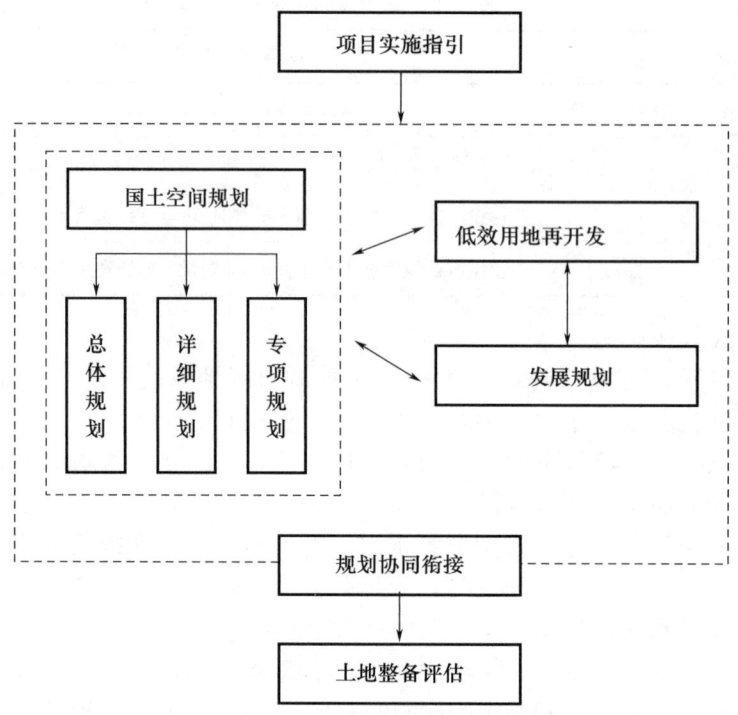

图2.1 系统思维再开发图

① 系统地了解城市各个要素，挖掘城市的现状问题，基于系统分析结果和城市未来发展的需求制定低效用地再开发目标，以改善市民生活品质、减少环境污染、提高经济效益等。

② 对各种类型土地进行系统化评估，了解城市的优势和短板。鉴于低效用地存在碎片化等特征，从产权、利用效率和合规性等方面进行划分，构建全类别土地资源库，从而整合零碎土地，为再开发工作的实施提供有效的支撑。

③ 应从宏观和微观的角度进行再开发，从宏观角度看，根据宜居城市总体发展战略，以宜居城市总体规划和控制性详细规划为依托，并根据实际情况进行再开发，从而完善总体规划和控制性详细规划。从微观角度看，需要对多元主体利益进行统筹协调，如政府、企业、社区等，建立多方合作机制可以更好地了解各方多方面的需求和意见，从而制定出更具科学性的再开发专项规划，以保证工作的顺利进行。

④ 应建立风险管理系统，再开发过程中会面临各种风险，如经济风险、社会风险、环境风险等，建立风险管理系统更好地预测和管理城市风险，使得城市更加安全，增强了抗风险能力。

⑤ 构建从"规划"到"治理"一体化实施架构，健全国土空间规划和国民经济社会发展规划，确保规划的科学性和合理性，提出具体的工作指引导则，确保空间治理体系精准落地。

（2）重点开发

在进行再开发时，需要考虑城市的实际情况并有重点、有针对地进行开发，以达到预期的效果。再开发的重点和目标应该考虑经济、区位、安全、居民需求、文化、交通等因素。

对于那些潜力较大、可以带来较大收益的低效用地，应考虑重点再开发，以促进当地的经济发展。位于市中心的低效用地，由于其地理优势，再开发后可以更好地服务于当地居民和商业发展。存在安全隐患的低效用地块，需要优先重点开发以保障居民的安全健康。居民呼声较高、迫切需要再开发的低效地块，可以根据居民的需求结合实际情况进行开发，以满足居民需求。具有历史文化价值的低效用地，再开发时需要注重保护，以保留城市的历史文化遗产、唤起居民的文化记忆。位于交通枢纽周围的低效用地，由于其具有较好的交通优势，需要重点开发，提高地块利用率和吸引力。

3. 土地混合利用，高效利用城市空间

城市在发展过程中，不可避免地出现了浪费土地资源，从而导致了土地利用率低下等问题，且土地的用地性质和功能组合存在搭配不合理的情况，导致土地兼容度低，无法有效发挥土地的集聚作用。因此，低效用地作为城市重要的存量资源，应对土地实行混合开发利用，高效利用城市存量空间。

为提高土地利用率，可以依据居民的步行尺度确定低效用地再开发的规模，将多种兼容的功能混合在单一低效地块之内，同时，应制定适宜的开发密度指标，过高的开发密度会给城市带来基础设施承载力过重等压力，过低的开发密度会造成土地资源的浪费，不同的城市应根据自身情况与发展需求，因地制宜地制定地块开发密度，从而实现城市的适宜可持续发展。此外，不是所有的用地性质都能进行混合开发，各功能之间应有序良性混合，选用具有强关联性且相辅相成的不同功能进行混合开发，且需要根据城市的发展需求制定土地混合开发比例，优化土地空间的投入产出比，提升城市活力。

土地混合开发利用也需保障居民权益，避免住宅区周围的商业设施对居民的生活造成过多干扰；考虑交通和停车问题，以便居民和商业设施的互动和交流；融入公园广场等休闲设施，提升地块空间品质和吸引力；考虑吸引不同年龄、文化和收入层次的人群，以增加城市的多样性和包容性。

4. 结合城市设计，塑造城市特色风貌

城镇化的迅速发展虽加快了经济的发展，但也导致城市出现各种城市病，如基础设施缺乏、公共服务短缺、风貌得不到展现等问题。城市设计从公共空间角度出发，能引导城市风貌，是构造城市特色的重要手段，旨在为城市营造出独特的人文环境和城市形象，提升城市的品质、吸引力和竞争力。

应运用城市设计思维进行低效用地再开发，改变过去再开发过分追求经济效益而造成公共环境欠佳和设施配套不足等问题。把城市设计作为对接宏观规划与微观规划的纽带，实现改善城市环境、完善城市功能、提高城市质量的目的。

（1）引入城市设计导则

低效用地再开发应引入城市设计导则，增强控制性详细规划宏观指标与建筑微观设计之间的逻辑关联度，从而协调再开发与控规的关系，实现制度体系的融合。对于全面改造的再开发，应依据总体规划中的城市发展目标、相关要求和功能定位，采用整体拆迁的方式进行成片再开发，确保与周边景观形象、视线通廊、历史文化和空间尺度相协调。同时，再开发过程中应全面综合规划地块的用地性质、功能结构、开发强度和配套设施等方面，以提升地块的土地利用价值，有利于土地的集约节约。对于综合整治的再开发，应针对土地利用现状，在符合分区的城市设计导则下，对再开发地块的开发强度、建筑色彩、建筑高度、容积率等指标提出控制要求，以控制城市风貌。

（2）提升公共空间品质

城市公共空间作为人的重要活动空间之一，对城市的发展起着不可或缺的作用。城市设计主要关注城市公共空间方面，在低效用地再开发过程中，通过城市设计手段合理地组织城市空间肌理、绿地系统、慢行系统、环境小品、标识物、界面控制等要素，从而重塑城市公共空间的风貌特色。如延续城市肌理，维护城市原有形态；优化绿地系统，修复城市生态空间；打造城市慢行系统，提倡绿色低碳出行；提供多样化的交往空间，增强居民的归属感；整合城市界面，提升空间秩序。

2.3 城市设计与宜居城市规划设计实践

2.3.1 城市设计的概念内涵

与城市规划和建筑学类似，城市设计兼具工程科学和人文社会学科的特征，且研究描述的对象复杂而宏大，所以，城市设计的概念迄今没有公认一致的看法，仍然在发展完善之中。但一般而言，大家心目中的城市设计还是有一些共同关注的属性和要点的，如城市设计要和社会与人的活动相关，多以三维物质空间形态为研究对象，其技术特征是整合城市空间环境建设和优化各种相关的要素系统，好的城市设计应有助于城市场所性和特色的塑造等。

"城市设计"就已经发表和热论中的观点来看，大致可分为理论性概念和工程实践性概念两种。

1. 理论性概念

林奇教授从城市的社会文化结构、人的活动和空间形体环境结合的角度提出，城市设计的关键在于如何从空间安排上保证城市各种活动的交织，进而应从城市空间结构上实现人类形形色色的价值观的共存。他尤其崇尚城市规范理论，这同样是一种从理论形态上概括城市设计概念的尝试。

学者拉波波特（A. Rapoport）则站在文化人类学和信息论的视角，认为城市设计作为空间、时间、含义和交往的组织，城市形态塑造应该依据心理的、行为的、社会文化及其他类似的准则，强调有形的、有经验的城市设计，而不是二度的理性规划。

学者吉伯德认为，城市是由街道、交通和公共工程等设施以及劳动、居住、游憩和集会等活动系统所组成。把这些内容按功能和美学原则组织在一起，就是城市设计的本质。

斯滕伯格（E. Sternberg）在"城市设计的整体性理论"一文中认为，城市设计是在建成环境中关于人们对于私人或是公共领域中环境体验的一门学科。

《中国大百科全书》则写道，城市设计的任务是为人们各种活动创造出具有一定空间形式的物质环境，内容包括各种建筑、市政设施、园林绿化等方面，必须综合体现社会、经济、城市功能、审美等各方面的要求，因此也称为综合环境设计。

一般来说，专家学者比较重视城市设计的学术性和综合性，有时还变换视角和研究方法，建立理论模型，力求从本质上揭示城市设计概念的内涵和外延。同时，较多地反映研究者个人的价值理想，不依附于来自社会流行的某种看法和观念，由于各家之说涉及认识论和方法论意义，所以对城市设计学科和专业领域发展常常具有重要的学术影响。

2. 工程实践性概念

城市设计实务领域的专业人员，则更多地从自己的实际工作和案例研究来理解和认识城市设计的概念，他们往往更加关注内容的现实性、目标的针对性和实施的可操作性。一般来说，工程实践性概念的城市设计解释更易于为广大公众和城市建设决策部门所理解和认同。

宾夕法尼亚大学教授巴奈特（Barnett）曾指出，城市设计是一种现实生活的问题。他认为，我们不可能将城市全部推翻而后重建，城市形体必须通过一个"连续决策过程"来塑造，所以应该将城市设计作为"公共政策"。

美国科罗拉多大学建筑城规学院前院长希尔瓦尼（H. Shirvani）教授指出，城市设计不仅仅与所谓的城市美容设计相联系，而且是城市规划的主要任务之一。现行的城市设计领域发展可以视为，一种用新途径在广泛的城市政策文脉中灌输传统的形体或土地使用规划的尝试。

曾主持费城和旧金山城市设计工作的埃德蒙·培根，在研究考察历史上著名城市的案例后认为，美好的城市应是市民共有的城市，城市的形象是经由市民无数的决定所形成，而不是偶然的。城市设计的目的就是满足市民感官可以感知的"城市体验"。为此，他强调很多美学上的观察，特别是建筑物与天空的关系、建筑物与地面的关系和建筑物之间的关系，并提出评价、表达和实现三个城市设计的基本环节。

中国学者齐康院士认为，城市设计是一种思维方式，是一种意义通过图形付诸实施的手段。城市设计包含着这样几个意义：一是，城市设计离不开城市，凡是城市建造过程中的各项形体关系都有一个环境，不过层次不同，但均属于城市，在组成城市不同层次的环境之中，不同层次的系统中都由各自的要素组成，都有自己的特定关系形成的结构关系；二是，城市设计离不开设计本身，这里的设计不是单项的设计而是综合的设计，亦即将各个元素加在一起综合分析比较取其优势，是有主从、有重点、整体地进行设计。作为城市设计，它的范围比单项设计（绿化、某一项工程设施）广泛而综合，要整体得多。城市设计不是某一元素设计的优劣，而是经过分析比较之后优化的设计。

中国学者邹德慈院士则认为，中国城市设计应该明确以下要点：第一，以城市空间为对象，通过城市设计创造高质量的、三维的物质形体环境；第二，城市设计要重视研究使用者（人民大众）的需要和愿望，研究人们的行为规律和爱好，为人民提供舒适、方便、安全、清洁、悦目的城市空间；第三，城市设计要促进城市的经济发展，为各种经济活动提供空间和场所，有利于增强城市的活力和竞争力；第四，要创造与自然环境完美结合的人工环境，设计要不破坏自然环境，充分利用自然条件，保护好自然生态；第五，要保护城市的历史遗存，使城市的历史文脉得以继承、延续和发展；第六，要与城市的总体规划框架和各种专项规划相衔接。同时，邹院士还提出了"发展型""保护型"和"研究型"三类城市设计工作类型。

国内也有学者从中国的实际情况出发，提出城市设计是城市规划建设中的一项重要工作。在实践中，可把城市设计原理与城市规划结合，在城市规划各个阶段都加入城市设计的内容，以使城市规划工作更具完整性和综合性，同时还能满足基本的以人为价值取向的城市社会生活和审美需求。

在设计内容上，工程实践性城市设计，更注重城市建设中的具体问题及其解决途径。因而对于他们来说，是否把概念和内涵搞得清清楚楚，并使之具有明晰的逻辑结构无关紧要，他们注重的是理论联系实际。换句话说，他们视城市设计为一种解题的"工具"或"技术"。不过工程实践的与理论形态的城市设计观点也有一致之处，其中最根本的是，两者都认为城市设计与人的认知体验和城镇建筑环境有关，可以说，它们是从不同的层次和角度来看城市设计的。

综合以上研究成果，城市设计的概念可总结为，城市设计以城镇发展和建设中空间组织的优化为目的，运用跨学科的途径，对包括人、自然和社会因素在内的城市形体环境对象所进行的研究和设计。

2.3.2 总体城市设计

总体城市设计主要包括以城市全域为对象的城市设计和带有多系统整合集成特点的大尺度城市设计。后者常常以城市风貌规划、城市色彩规划设计、城市开发强度或高度规划等形式出现。住房城乡建设部城市设计管理办法，将总体城市设计明确为"针对城市集中建设区及周边必要区域编制的城市设计"。

总体城市设计涉及空间范围普遍超出了人们日常性的空间识别和场所感知的能力，且其系统结构、社会复杂性和专业复合度极高。总体城市设计面对的空间形态不仅包含物质空间系统，而且包含城市发展的目标定位、产业结构、社会系统、建设导引和规划管理，涉及市场经济条件下的各类产权地块的合理处置，需要达成的设计目标比较复杂而多元，且还要针对包容一定的"不确定性"和城市发展弹性的未来中国城市的科学规划和建设管理。

总体城市设计包括城市总体规划阶段的城市设计及独立编制的具有总体性系统整合集成特点的专题城市设计，因此需要研究一定的区域性问题。中国对总体城市设计的认识有一个过程，伴随数字技术的飞速发展，特别是2015年中央城市工作会议后，总体城市设计编制的可能性和实践指导作用逐渐为政府和社会所认同。

总体城市设计的工作对象主要是，城市中以连绵建成区为特点的城市区域。它基于市域的社会经济、人文历史和自然生态脉络，着重研究城市的山水格局、自然要素系统、城市形体结构、城市景观体系、开放空间和公共性人文活动空间的组织以及在此基础上的营城智慧。其内容主要包括市域用地形态、空间景观、空间结构、道路格局、开放空间体系和艺术特色乃至城市天际轮廓线、标志性建筑布局等内容。总体城市设计目标是为城市规划和建设的决策和实施提供一个基于公众利益的形体设计框架及其管控系统，有时，它还可以指定一些特殊的地区、地段或系统做进一步的设计研究，一般成果以政策和导则取向为主，近年则出现了更加具有实操价值的动态"数据库"成果，总体看，成果需要突出为规划实施管理提供服务和技术支撑的指导思想。

在中国的实践中，总体城市设计常常与相应尺度的规划内容和编制过程结合。总体城市设计虽然也有独立编制的案例，但一般需在城市总体规划前提下开展工作。

1. 每个城市有着各自不同的特色，这在总体规划确定的城市性质中得到集中的反映。如北京2004年新版规划，将北京定位为"国家首都、政治中心、文化中心、宜居城市"；2018版最新的总体规划，则将北京定位为"全国政治中心、文化中心、国际交往中心、科技创新中心"以及"国际一流的和谐宜居之都"。在上海城市总体规划的草案中，提出"上海至2040年建成卓越的全球城市，国际经济、金融、贸易、航运、科技创新中心和文化大都市"；南京总体规划对城市的定位是"创新名城、美丽古都"。规划定位性质不同，城市的环境特色、建筑形象、文化氛围也不同，城市设计应该反映这种城市性质差异带来的环境特点。

2. 城市规模大小也会给城市设计带来不同的设计理念。小城市应强调城市的亲切、舒适、文化内涵和宜居性，在提升实质性的城市人居环境品质方面下功夫；而大城市担负的国家使命和区域职能多，建设定位一般要有一定的文化多元、综合功能、社会开放性及国际形象的要求。

3. 城市的发展方向和经济能力也会直接或间接地反映到具体的城市设计中来。以培根主持的美国旧金山城市设计来说，其关键之处就在于它很好地结合了城市总体规划，并成为总体规划的一部分。该城市设计首要目的在于保护旧金山特有的自然资源条件，并使历史人文资源免遭城市过度开发所带来的破坏。

4. 从世界发展趋势看，这一层次的城市设计必须充分考虑城市发展的可持续性问题，即所谓的"千年城市""宜居城市""韧性城市"。1992年，我国政府在国际可持续发展的纲领性文件《里约宣言》上签字，并将可持续发展确定为基本国策。在城市设计领域贯彻这一国策的应对措施之一，就是要倡导绿色宜居城市设计的思想理念。具体说有以下几条原则。

（1）做好生态调查，并将其作为一切城市开发工作的重要参照。重大项目建设实施环境影响报告的制定与审批制度都要做到根据生态原则来利用土地和开发建设。同时，协调好城市内部结构与外部环境的关系，在空间利用方式、强度、结构和功能配置等方面与自然生态系统相适应。今天的自然资源部将"山水林田湖草"整合进行国土空间统筹和规划就更加突出了"生态文明时代"的生命共同体要义。

（2）城市开发建设应充分利用特定的自然资源和条件，使人工系统与自然系统协调和谐，形成一个科学、合理、健康、完美且富有个性的城市格局。

2.3.3 片区城市设计

1. 片区城市设计的对象和内容

片区城市设计主要涉及城市中功能相对独立，并具有相对环境整体性的街区。这是城市设计中涉及的典型内容，其目标是，基于城市总体规划确定的原则，分析该地区对于城市整体的价值，为保护或强化该地区已有的自然环境和人造环境的特点和开发潜能，提供并建立适宜的操作技术和设计程序。此外，通过片区级的设计研究，又可指明下一阶段优先开发实施的地段和具体项目，操作中常与分区规划和详细规划结合进行。

在分区规划这一规模层次上，宜居城市设计的内容主要集中在以下三点。

（1）与城市总体规划和总体城市设计对环境整体考虑所确立的原则的衔接。

（2）老城和历史街区保护和更新改造。

（3）功能相对独立的特别领域，如城市中心区、具有特定主导功能的历史街区、商业中心、大型公共建筑（如城市建筑综合体、大学校园、工业园区、世界博览会）的规划设计安排等。

2. 城市生态要素的考虑

在生态要素方面，旧城更新改造重点是综合处理新的和原有的城市生态系统之间的关系，建立一种良性循环的符合整体性和生态优先准则的新型城市生态关系。

宜居城市规划设计中，片区城市设计经常涉及城市的生态要素及其网络体系。如作为"蓝道"的河川流域、作为"绿道"的开放空间和城市步行体系、基础设施体系乃至城市的整体空间格局和历史地域特色等。在实施过程中，片区城市设计往往要落实到具体的地区和地段城市设计中来处理，源与流、点与线、上与下、前与后的关系都要分析清楚。再如城市道路的断面、形式、动态景观的营造和欣赏等亦是这一层次城市设计需要关注的重要问题。一座城市里，如果将机动车道路、自行车专用道及步行道各自观赏的城市景观都设计处理好，那它的环境一定会赏心悦目。

宜居城市形体环境中的时空梯度是永恒存在的。宜居城市设计在多数情况下都与旧城改造相关，尤其是在片区层次上。旧城更新改造对自然环境质量、生态景观质量和文化环境质量都会产生一系列影响。这种影响既可以是积极的，也可以是消极的。近年来，旧城改造中"大拆大建"的粗暴做法已经被广泛诟病，很多国家现今又重新评价旧建筑在旧城改造中的意义，并认为旧建筑是一种"活着的资源"，承载着丰富而独特的场所历史记忆，旧建筑改造的活用符合现代环保的理念。旧城城市设计需注意保护旧城（尤其是居住区）历史上形成的、目前仍维系完好的社区结构，及保护城市历史文化的延续性。实施中应保证一定的居民回迁率，改造中有形和无形并重，在改善居住条件（如增加绿化和基础设施、降低建筑密度和居住密度）的同时，不应破坏原有的社区特点。

3. 片区城市设计成果

片区城市设计成果包括文本、规划研究报告（说明书）和图件三部分内容。

（1）文本为指导宜居城市设计实施的法条性条文。具体包括对土地使用功能整合、整体环境、空间景观结构、绿色开敞空间、建筑空间、交通组织及道路空间、重要基础设施等部分的规划要点、设计引导及控制要求。对于重点地区（历史风貌区、公共活动区、自然风貌区等）的空间环境设计宜提出片区设计导则。

（2）规划研究报告（说明书）是关于片区城市设计的技术性研究和说明，主要为规划行政主管部门提供技术依据。一般包括背景研究、现状分析、目标描述、总体构思、设计方案说明、各子系统分析报告等内容。

（3）图件为指导城市设计实施的规划设计图纸，各项目可根据实际情况适当增减。

2.3.4 地段城市设计

地段城市设计主要指由建筑设计和特定建设项目的开发，如街景、广场、交通枢纽、大型建筑物及其周边外部环境的设计，这是最常见的城市设计内容。这一尺度的城市设计多以工程和产品为取向，虽然比较微观而具体，却对城市面貌有很大影响。

地段城市设计，主要落实到具体建筑物设计及一些较小范围的环境建设项目上。在这一层次，主要依靠广大建筑师、环艺设计师或艺术家自身对宜居城市设计观念的一种理解和认识。其中有三个要点。

1. 与片区级城市设计类似，应处理好局部和整体的关系，协调好具体开发建设中的各方利益，而不能仅被业主意志和纯粹的经济原则所左右。

2. 城市中大量存在的建筑物和构筑物是城市形体环境构成的基本要素，在一定程度上，它们对城市景观和环境特色的塑造具有决定性的作用。因此，必须处理好城市建筑物和构筑物的形式、风格、色彩、尺度、空间组织，及其与城市的结构、肌理、组织的协调共生关系。

3. 在绿色设计方面，可利用生态设计中环境增强原理，尽量增加局部的自然生态要素并改善其结构。如可以根据气候和地形特点，利用建筑周边环境及其本身的形体来处理通风和光影关系，组织立体绿化和水面，以达到改善环境之目的。同时，建筑物设计应注意建设和运行管理中与特定气候和地理条件相关的生态问题，如最具实用意义的建筑节能和被动式设计。

地段城市设计成果包括文字成果、图纸成果，必要时可制作模型或三维效果图、虚拟动画等。

文字成果包括城市设计说明及相应导则。导则形式可多样，主要有图则形式、表格形式、条文形式及混合形式。

图纸成果包括：区位分析图；地形地貌分析图；城市设计导引图（平面图、立面图、剖面图、效果图等）；交通组织设计图；景观设计导引图（街景设计、景点组织、游览线路、视廊控制、景观序列等）；空间组织分析图（总体空间架构、轴线组织、开放空间系统、建筑高度控制等）；重要节点详细设计；绿化配置意向设计。图纸内容可根据规划地段的不同特点，对有关图纸适当增减或合并。

2.3.5 佛山市中心城区总体城市规划设计实践

长期自下而上的镇村经济模式和重经济轻环境的发展思路，导致佛山城市风貌呈现出诸多问题。整体而言，佛山城市形态与经济发展水平不匹配，作为广东省第三大城市，呈现出城乡形态趋同、功能不够突出、空间不够集聚、缺乏标志景观等特点，存在如城市热点缺乏集聚、重要节点三旧改造推进缓慢、滨水区形象建设差、历史地段活化不足等问题，成为产业转型升级、创新要素聚集、人民安居乐业的掣肘，对城市生活、城市经济发展带来巨大影响，佛山城市形象的提升刻不容缓。

佛山需要通过对中心城区的总体形象定位、总体空间格局进行全局的谋划，推动城市整体风貌的管控，并补充完善佛山城市设计的顶层制度，为下层级的控规阶段城市设计和地块城市设计提供依据。

1. 工程规划设计范围

本次总体城市设计规划范围为中心城区范围，总面积 361km^2。考虑到三龙湾与中心城区的紧密关系，在中心城区基础上，将三龙湾高端创新集聚区纳入研究范围，进行统筹考虑。

2. 总体目标

针对佛山城市设计实施情况及其作为非法定规划，提出"做有用的城市设计"的项目总体目标,既要针对存在问题,也要对接实施管理。一方面,挖掘城市独特的风貌特色,明确城市的山水生态格局、城市空间格局、文化承载格局,完善中心城区城市风貌管控的顶层建设,构建完整、协调的宏观框架。另一方面,要提炼总体城市设计的特色与总体规划充分衔接。

3. 设计体系

佛山市中心城区总体城市的规划主要体现在生态空间体系、城市空间体系和文化承载体系这三大设计体系当中,将宜居城市理念作为城市规划设计的着力点,力求打造宜居、韧性、智慧城市。

（1）生态空间体系

① 自然生态格局

通过近郊大型生态空间延续市域生态绿楔,构建与区域生态对接,以滨水为重点的城市生态格局,构建环形水系延续市域蓝脉。

整体形成"一环一山,一心四楔"自然生态格局。一环,指东平河与佛山水道围合形成环城水系,是中心城区城市景观核心要素,也是中心城区城市品质提升的重要驱动要素；一山,指西樵山,虽然位于中心城区外部,但在空间相对开敞的西南部是城市重要的景观要素；一心,指三龙湾绿心,随着三龙湾片区的发展,它将发挥对禅南顺交界地区的重要影响,是引导城市创新与环境提升的重要载体；四楔,指对接市域绿楔,形成的九亩田、乐龙-顺番、一环南延线、天子帽等4处绿楔。

环城水系着重对功能进行管控,聚集城市公共服务功能,打造以公共功能为主的功能条带,形成两段共30km的核心滨水活力区段,打造优质景观。

② 通风廊道体系

按照通风廊道的影响力、功能,形成四级通风廊道控制。其中一级廊道联系周边城市、贯穿城市的通风廊道；二级廊道是联系组团的通风廊道；三级廊道是连接街坊的通风廊道；四级廊道是连接地块的通风廊道。并且,在邻近中心城区边缘设置三处城市级补偿空间。

③ 开敞空间体系

中心城区形成以环城水系为核心,绿道绿带延伸辐射,公园体系强化功能的开敞空间体系。

塑造一个特色滨水活力环。沿东平河—佛山水道打通30km中心城区活力水环,串联14个城市绿化公园,以佛山母亲河为纽带,展现佛山城市魅力,凸显佛山特色。

构建5类特色鲜明的绿化公园,形成多类型的城市公园体系,打造滨水公园、山体公园、环湖公园、基塘湿地公园和一般城市公园等5类公园。

此外,还要求形成3级绿道体系,打造3个滨江绿道环。对接佛山绿道整合规划和生态文明规划,形成区域绿道、城市绿道和社区绿道等3级绿道体系,串联各个重要的公共空间。区域绿道和城市绿道,围合形成3个滨江绿道环。

（2）城市空间体系

① 公共中心体系

以"滨水＋轨道＋创新"重组中心城区的公共中心体系,依托内环水系,辅以轨道和创新,将中心城区的公共中心和重要节点向滨水聚集,构建"一环、六主、多节点"

(一环：滨水活力环；六主：禅桂中心、祖庙、佛山新城中心、禅西新城、佛山西站中心和三山新城中心；多节点：南庄、奇槎、北滘、平洲）的公共中心体系。

② 城市风貌分区

形成"西产业＋中都市＋东创新"的特色鲜明的风貌格局。西部突出现代产业风貌特色；中部突出现代都市风貌特色；东部突出创新生态风貌特色。并根据总体风貌格局细化划定城市核心、滨水空间、历史特色、山前区域、现代都市、现代产业等6类城市重要特色风貌区，对重点风貌区进行控制指引。

③ 空间标志体系

中心城区现有季华路及城市中轴线两条标志建筑聚集的条带，其空间标志体系应以原有的建筑为基础，通过精品项目、重点项目进行品质优化。如东平河沿线标志体系应在节点区域布置标志高层建筑群和具有标识性的公共建筑群，增加沿线空间的趣味性；魁奇路沿线标志体系在重点区域宜安排高层标志性建筑，打造第二条具有城市标志景观的道路廊道。

④ 城市眺望体系

结合历史特色区、自然生态格局和空间标志体系，构筑"二级四类"的中心城区眺望体系，集中于廊道管控和地块管控，对廊道管控进行分级管控，确定4条一级景观视廊和8条二级景观视廊；对地块管控进行分类管控，形成4类管控地区。

⑤ 城市高度形态

中心城区现状总体城市高度形态呈中部高，四周低的特点，地标性超高层建筑呈现南北向散点布局。

⑥ 夜景亮化体系

构建夜景亮化体系强化城市景观品质，延续城市活力。实现延续夜间时段活力、展现城市夜间形象、营造城市标志景观的目标。

（3）文化承载体系

① 总体空间体系

形成以水环串引的"内环＋外环"文化承载空间。

内环建设佛山老城、石湾陶谷、叠滘水乡和平洲玉器等四大文化集聚区。根据整体规划方案统筹布局，以彰显历史文化传承为主，在展现佛山积淀深厚的文化基础上，结合历史文化、自然人等要素，形成历史与现代交相辉映的城市风貌。注重对历史风貌、公共空间、传统格局、文化活动、建筑体量、建筑色彩等要素的设计导控，注重新建建筑体型、尺度与原建筑相协调，创新历史文化遗产利用方式打造特色历史路径和历史场所。

外环结合山水林田等自然要素，保留原有的村落肌理与建筑风貌，塑造独具岭南特色的传统村落风貌，在保护外围片区的古村落群体、古建筑单体以及一定范围内有乡土文化特点的自然和人文环境的同时，探讨古村落发展策略。改善居民生活环境，促进地区活力，使古村保护和现代化发展相互协调、相互促进。

② 文化活动体系

通过构建城市活动环线、慢行景观网络和新老交织的文化旅游路线，促进地域文化与城市活动的深度融合，形成环形的文化活动体系。城市活动环线作为徒步、马拉松、定向赛等大型城市活动的路线，串联内环四大文化集聚区和外环村镇文化风貌区，打造文化活动名片；慢行景观网络利用滨水生活带、慢行道路形成古今慢行游线，串联文化景观节点；新老交织的文化旅游路线囊括千灯湖公园、雷岗公园、南风古灶、石湾文创园等佛山特色文化景点，使地域文化底蕴在旅游中焕发光彩。

2.4 城市生态规划与 3S 技术

2.4.1 城市生态规划与 3S 技术概述

1. 城市生态规划的内涵

城市生态规划是与可持续发展战略相适应的一种规划方法，它将生态学的原理和城市总体规划、环境规划相结合，对城市生态系统的生态开发和宜居城市生态建设提出合理的对策，从而达到正确处理人与自然、人与环境的关系。因此，在宜居城市建设中，城市生态规划是联系城市总体规划和环境规划及社会经济规划的桥梁，其科学内涵强调规划的能动性、协调性、整体性和层次性，其目标是追求社会的文明、经济的高效和生态环境的和谐。

城市生态规划理论和方法的提出，可以说是人类为了迎接严峻的环境挑战所作出的一些努力，其积极意义在于体现人类对良好的宜居城市生态环境的追求，同时也说明日益加剧的城市环境问题和生态后果已迫使人们达成共识，为维护和改善人类赖以生存的生态环境条件必须采取协调的行动，促使人与自然关系的协调发展。

编制城市生态规划的目的是塑造一个结构合理、功能高效和关系协调的宜居城市生态系统，提高城市居民的生活质量和城市生态环境质量，促使城市生态系统的可持续发展。其具体内容大致包括以下五个方面。

(1) 高质量的环境系统

对城市的大气污染物、废水以及各类固体废弃物，都要按照各自的特点进行及时处理和处置，同时加强噪声污染、光源污染、辐射污染等的管理，使各项环境质量指标均达到较高标准，实现宜居城市生态环境的无害、洁净、舒适目标。

(2) 高效能的运转系统

高效能的运转系统包括通畅的道路交通系统，具有充足能流、物流和客流的运输系统，快速有序的信息传递系统，相应配套有保障的物资供应系统和城郊生态支持圈，完善的专业服务系统和废水、垃圾处理系统等。

(3) 高水平的管理系统

高水平的管理系统包括人口控制、资源利用、社会服务、医疗保险、劳动就业、治安防火、城市建设、环境整治等，应有高水平的管理体制、管理措施和管理效能，以保证城市生态系统的高效运转，促进人与自然、人与环境的协调发展。

(4) 完善的城市环境自净系统

完善的城市环境自净系统不仅应有较高的绿地指标，如绿地覆盖率、人均绿地面积和人均公共绿地面积，而且应合理布局，点线面有机结合，使城市生态系统也具有较高的生物多样性和生态系统多样性，从而提高城市生态系统的自净功能。联合国生物圈生态与环境保护组织规定，城市绿地覆盖率应达到50%，城市居民人均绿地面积应达到60m^2。我国要求人均公共绿地面积达到7～11m^2。目前我国的大多数城市与上述要求差距较大，在城市生态建设的过程中，应努力向着高标准的绿化方向发展，提高城市人居环境质量，实现宜居、韧性、智慧城市的美好愿景。

（5）高水准的城市人文环境系统

高水准的城市人文环境系统应具有较高的人口素质、优良的社会风气、井然有序的城市社区秩序、丰富多彩的精神生活，着力建设高水准的城市人文环境系统。

2. 城市生态规划与宜居城市建设

城市生态规划要考虑自然与城市建设之间的关系，自然环境要结合经济社会发展，运用自然资源建立起生态宜居的城市文明。城市规划设计者要把城乡自然看成一个综合的整体，协调生态自然和经济发展之间的关系，促进人类生存空间更加健康、有序、稳定，实现人与自然的和谐共生。城市生态规划的目的是：从自然要素的规律出发，促进社会生产、生活和环境保护协调发展，最终实现整个社会和城市的可持续发展的目标。

城市生态规划设计要求规划设计者遵循生态学和城市规划学的相关理论和方法，对城市系统和自然环境做出科学的决策，制定好宜居城市建设的具体方案。宜居城市建设要遵循自然环境规律来进行规划，调节城市发展的各种问题，既要经济发展又要从环境角度来保证城市的健康持续发展。

城市的发展、人口的增长以及配套结构要与社会经济和自然环境相适应，保证人口的增长和城市发展之间的平衡，要运用土地和区域环境进行生态规划建设。城市的区划发展与城市的生态环境之间的关系协调发展，城市建设和自然环境比例协调，才能建立起宜居、健康的城市区域空间。城市生态规划的目的就是要将人类生存发展与宜居城市的建设相适应。要保证环境的承载力，才能取得城市建设的健康发展。由此得知，城市生态规划要致力于城市人类和自然环境的和谐共处，建立起生态、高效宜居的城市环境。

3. 城市生态规划与3S技术的融合

3S技术是指遥感技术（Remote Sensing，RS）、地理信息系统（Geographic Information System，GIS）和全球定位系统（Global Positioning System，GPS）。随着科学技术的发展，3S技术，尤其是遥感技术和地理信息系统的广泛应用，为城市生态规划提供了现代化的研究手段和崭新的技术体系，从而进一步推进宜居城市的建设与发展。

RS主要指从远距离高空以及外层空间的各种平台上利用可见光、红外、微波等电磁波探测仪器，通过摄影或扫描、信息感应、传输和处理，研究地面物体形状、大小、位置及其环境的相互关系和变化的现代技术科学。它具有宏观、动态性、信息丰富等特点。遥感技术已经广泛地应用于各个领域，它能实时动态、周期性地获得地表的各种信息。为研究者提供价格低廉，更新较快的遥感数字图像。经过一系列处理后，可以获取各种地学专题信息，并与GIS相结合，为各种专题图的制作提供了数据条件。

GIS是一种采集、存储、管理、分析、显示与应用地理信息的计算机系统，是分析和处理海量地理数据的通用技术。GIS的特点是能够管理空间位置数据，反映地理分布特征及其之间拓扑关系；它是为解决各种复杂的与空间信息密切相关的规划与管理问题而设计的，可用于支持对空间相关数据的采集、存储、管理、操作、分析、模拟和显示，是一种管理决策支持系统。它以强大的对空间数据的处理和对现实世界的模拟能力，以及在空间要素的叠置过程中产生与这些要素相关的、综合的新信息的能力，在资源环境管理，环境评价与环境监测等地学领域具有广阔的应用前景。GIS技术在最近30多年内得到了惊人的发展，并广泛地应用于资源调查、环境评价、区域发展规划、交通安全等领域，成为一个跨学科、多方向的研究领域。

GPS是由美国国防部研制，以卫星为基础的无线电导航定位系统，具有全能性（陆地、海洋、航空和航天）、全球性、全天候、连续性和实时性的导航、定位和定时的功能。整个系统分为卫星星座、地面控制和监测站、用户设备三大部分。GPS通过同时对多颗卫星进行伪距离测量来计算接收机的位置，实现全球、全天候、高清晰度的定位，作为一种现代化的技术手段，现已成为全球公用信息资源，得到了广泛研究和应用。

3S技术各自迅速发展，同时也趋向于相互之间的集成与融合，这三种空间信息技术的广泛应用和快速发展。无论是单一方式还是综合集成方式，都在不同的程度上给传统的城市生态规划理论和方法注入了新的活力，它使得生态系统以数字的形式被表达出来，为城市生态规划的信息获取、数据分析、方案的制定和沟通提供了多种超乎寻常的便捷，使得规划者可以更加高效准确地了解生态与环境变化。在宜居城市建设的进程中，3S技术可以在城市生态规划的大部分阶段发挥重要的作用，大大提高信息处理的效率和准确性。

（1）确立规划目标

规划目标应该是规划过程的基础。规划设计、管理都涉及大量复杂的城市空间地理信息和社会经济信息，以往只有专家才有能力获取、处理和分析这些信息，从而完成专业性较强的生态规划工作。而GIS技术提供了完善的数据库组织、形象的可视化语言（主要为地图）和强大的分析工具，而基于Web（全球广域网）的GIS技术则以其更加开放、自由、交互的应用环境提供给普通公众一个通向巨量复杂空间数据的途径以及一个强大的分析工具，使得公众市民更有效地把握复杂的空间信息，参与到规划决策中来。

（2）城市景观规划研究分析

景观生态学是研究景观尺度上的生态学问题，3S技术是景观生态学的重要技术支撑，它为景观生态学研究提供了极为有效的一系列工具，成为资料收集、存储、处理和分析所不可缺少的手段。

作为数据的主要来源，随着大量卫星传感器对地观测的投入使用，微波遥感、高光谱、多角度遥感信息的逐步丰富、信息提取技术手段的日新月异，RS技术源源不断地为景观生态学提供包括空间位置、植被类型、土地利用状况、土壤类型等各种必要的基础数据资料。多种分辨率尺度的、实时更新的遥感数据，成为景观生态学理论研究和实际应用中所必需的基本技术条件；而GIS因其具有强大的空间数据显示、管理和分析功能，在景观格局分析和动态过程的模拟等方面具有重大意义；再加上GPS的补充，增加了遥感数据的准确性及可转换性。

（3）城市绿地生态研究分析

在传统的城市绿地研究中，信息获取和数据分析处理的能力较差，多通过查阅文史资料、纸质地图，并结合人工现场踏勘等方法获取绿地相关信息，存在如下缺陷：财力、人力、物力投入较大；数据量大且更新缓慢，数据统计任务繁重、周期长；分析方法落后，以统计分析为主，空间分析薄弱；调查结果多以简单的图表显示，可视化程度低。

RS 技术的引入大大缩短了获取城市绿地信息的时间和周期，且信息获取量大、准确度高、时效性强。GIS 技术的引入则大大提升了对城市绿地信息的分析、处理和管理能力，同时可以根据研究需要输出各类专题地图和综合地图，可视化程度高，大大提高了城市绿地研究的效率，丰富和创新城市绿地的研究思路和研究手段，进一步促进对宜居城市建设的科学规划。

（4）城市生态环境调查分析

生态环境监测是一项宏观与微观相结合的复杂的系统工程，涉及的空间和事件范围广，对象包括农田、森林、草原、湿地、湖泊、海洋、气象、动植物等，对其数据收集和处理难度大。传统的生态环境监测，评价技术方法应用范围小，只能解决局部生态环境监测和评价问题，很难大范围、适时地开展监测工作，而综合整体且准确完全的监测结果必须依赖 3S 技术。

3S 技术在生态环境监测中的应用能够对城市各方面生态环境数据信息进行分析与处理，能够全方位了解和掌握生态环境潜在的问题。利用 3S 技术对城市生态环境进行监测，能够集监测与预测为一体，减少人力、物力及财力的投入，大大提高了生态环境的监测水平，针对区域存在的潜在生态问题，提出科学合理的整治措施，从而改善生态环境的现状，使其对城市经济可持续发展作出巨大贡献，同时进一步推进宜居城市建设的进程。

2.4.2　城市景观规划研究与 3S 技术

由于景观生态学研究尺度大，传统的野外调查耗时多、强度大、费用高，难以满足现代条件下对景观生态学研究的要求。遥感探测不受地面条件的限制，视域范围大，不仅可以获得可见光波段的电磁波信息，而且可获得紫外、红外等波段的信息，且成像周期短；GPS 可不依赖地面控制点直接对遥感图像定位；GIS 强大的空间分析及图像处理功能则恰好满足了景观生态学对大尺度生态学研究的要求。

3S 技术改变了生态学家开展研究的方式，同时也逐渐成为景观生态学的特征之一，并在景观数据的来源、景观空间格局分析、景观生态监测、评价与管理、景观空间模拟、景观生态规划等研究中起着重要的作用。

1. 景观数据的来源

RS、GPS 的获取大量空间数据的功能以及 GIS 采集、存储与管理空间数据功能，使得越来越多的生态学家将 3S 技术作为景观生态学研究中基础数据获得的重要手段。尤其是 RS 的发展改变了传统生态学的研究方法，它较传统生态学方法在数据采集方面具有显著优点：RS 的发展增大了观测的范围，成为生态学家获得大尺度各种生态和物理信息的主要手段；避免研究者对研究对象的直接干扰，并且允许重复性观察；可有效地为景观生态学研究提供所必需的多尺度上的资料，为等级理论尺度推绎的研究提供数据；可提供多光谱、高分辨率的数据。目前，景观规划研究的数据大都通过 3S 技术采集,3S技术的发展极大地推动了景观定量研究的发展和景观结构、格局及动态分析的不断深入,为各种景观模型的建立与发展提供了坚实的资料基础。

2. 景观空间格局分析

景观生态学研究最突出的特点是强调空间异质性、生态学过程和尺度的关系,研究空间异质性往往应用空间格局分析方法。景观生态学中的格局,往往是指空间格局,即缀块和其他组成的类型、数目以及空间分布与配置等。空间格局可粗略地描述为随机型、规则型和聚集型。更详细的景观结构特征和空间关系,可通过一系列景观指数和空间分析方法加以定量化。景观指数分为缀块水平指数(面积、形状、边界特征)、缀块类型指数(平均面积、平均形状指数等)和景观水平指数(多样性指数、均匀度指数等)。空间分析方法包括自相关分析、半方差分析、趋势面分析等。

GIS 所具有的地理空间数据的处理和统计分析功能为景观指数的计算和空间分析提供了计算平台,为景观空间结构研究提供了实用的工具。

目前,对景观结构和空间格局的研究大都采用 3S 技术,应用 RS 技术和 GPS 技术采集景观原始数据,再利用 GIS 栅格化数据或矢量化数据表达景观数据,在此基础上,用 GIS 与景观研究方法(景观指数分析法和空间分析方法)进行分析,最后对分析结果进行解释与分析。

3. 景观空间模拟

在景观生态学研究中,景观变量的空间分布、一致性或邻近度等可以作为输入参数通过 GIS 进入空间预测模型;反过来,预测模型的结果也可由独立的数据检验或重新输入地理信息系统进行空间分析、显示或查询。在这一过程中,可以连续运用模型,也可把模型作为经验信息或分析技术来确定合适的变量及其在分析中的权重。景观模拟按以下步骤进行:数据的采集,包括遥感数据、公开出版的数据和统计资料及调查的数据等;根据来源和技术手段建立景观分类系统;把不同的来源数据转化成相同的空间数据系统;运用地理信息系统,建立和使用各种模拟模型。

随着遥感和地理信息系统发展,景观空间变化模拟越来越受到重视。有些学者以不同时相的遥感影像数据和社会经济数据为数据源,分析了城市土地利用变化的机制,选择出模拟所需参数,用细胞自控制模型(Cellular Automata,CA)和经验模型模拟城市的土地利用变化情况。

4. 景观生态规划

以 GIS 技术为支撑,根据景观生态学格局与过程的原理,进行景观尺度上的农业土地景观生态分类与景观单元空间格局的优化配置,对生产性景观单元进行了土地利用模式设计,以形成高效的农业土地利用模式。

运用 GIS 技术强大的信息管理、空间数据处理分析功能,采用松散耦合式 GIS 建模方式,实现了对水库流域退化生态系统进行景观生态规划。

2.4.3 城市绿地生态研究与 3S 技术

1. 城市绿地生态研究中的遥感特点

(1) 空间分辨率要求高

城市绿地有公园绿地、生产绿地、防护绿地、附属绿地和其他绿地五大类,还可以进一步划分，可见城市绿地景观高度破碎，绿地分布斑块数量多而单个面积小，导致城市绿地生态研究的空间尺度较小。所以在进行城市绿地生态研究中，一般选用航空照片和空间分辨率较高的卫星影像数据源，如 TM［美国陆地卫星 4～5 号专题制图仪（Thematic Mapper）所获取的多波段扫描影像］、SPOT［由（Systeme Probatoire d'Observation de la Terre）卫星高分辨率多波段扫描仪获取的遥感影像］等，其特点是空间分辨率高，能够辨识翻译出城市绿地组成。

（2）时间分辨率要求高

由于城市绿地本身具有植被动态演替特征，加之频繁的人为管理和改造，变迁较为频繁，尤其是现代城市建设日新月异，城市绿地生态研究的环境变化很大，要及时掌握城市绿地的变化动态，实现科学的动态管理，获取不同时相的遥感数据进行动态分析显得十分重要。

（3）光谱分辨率要求高

城市地物非常复杂，绿地植物组成丰富，多样性较高，群落结构类型多样，变动频繁，只有利用不同地物的光谱差异，获取多光谱传感器数据，并进行组合变换运算，才能把绿地从城市的景观中提取出来，实现绿地的群落类型甚至主要树种组成的精确解义，同时可以获取包括温度、湿度、大气污染等数据，从而保证其信息便于城市绿地生态研究。

2.3S 技术在城市绿地生态研究中的应用

（1）城市绿地覆盖率调查

过去的城市绿地资源调查方法一般采用人工普查结合数学统计分析的方法，不仅要求很大的人力、物力、财力投入，而且调查的准确性低，也不便于综合分析评价。随着以多传感器、高分辨率和多时相为特征的现代遥感技术的发展，尤其是 1999 年 9 月 24 日美国空间影像公司（Space Imaging）发射的 IKONOS 卫星（"伊科诺斯卫星"）影像具有 1m 的空间分辨率，为城市绿地调查提供了准确翔实的数据。

利用遥感技术测算绿地资源时，一般分以下步骤：收集资料（航片、卫星影像、地形图等）→影像处理（几何校正、影像融合、加强等）→选取判读标志→计算机分类（监督分类、非监督分类）→外业调查、目视解译、人机交互纠正→绿地信息提取→统计计算。

解译绿地景观时，一般有两种方法：一种为目视解译方法，即依据光谱规律、地学规律和解译者经验，从遥感图像的颜色、纹理、结构、位置等各种特征中解译出各种绿地景观类型；另一种是计算机图像分类法，通过选择分类特征、识别模型、确定每一像元的类型。目前，目视解译在实践中应用较多，但工作量大，调查速度较慢，人为干扰因素较大，造成实时性差，不够准确。而计算机分类方法调查速度快，并可以识别出像元的每一级灰阶差异，但其缺点是会造成一定量的类别误判。因此，必须在分类过程中将二者结合起来，进行较多的人机交互。

（2）城市园林植物生态质量监测

植物生态质量受到诸多因素的影响，如虫害、火灾、大气污染以及人为的破坏等。对城市园林植物生态质量进行监测，并及时采取有效防护补救措施，是城市绿化部门生态管理过程中面临的一项重要任务。

在彩色红外像片上，树木的色调与叶片叶绿素含量关系密切，叶绿素含量越多，在感光片所显示的色调就越红，其饱和度越高。当植物受害时，植物叶绿素会受到破坏，致使光学活性下降，光合作用衰退，甚至造成细胞质壁分离，从而导致叶片出现失绿、枯黄或坏死等症状。这种现象在彩色红外像片上利用目视判读可以轻易识别，健康的树木色调红而明亮，但受害树木则色调灰暗，或者失去红色而显黄色等。利用彩色红外像片还能预测尚未显示出来的灾害。在受害初期，植物绿色还没什么变化，人的肉眼尚无法分辨时，近红外光谱区就能敏感地反映这一变化，表现出反射率开始降低，当受害不断加深时，叶子就发黄，近红外反射率大大下降。例如，SO_2（二氧化硫）对植物造成损害时，四天后才能被人们察觉，而彩色红外像片在一天后就能显示出受害情况。

（3）城市绿地三维量的估算

城市绿化的生态效益不仅取决于绿化覆盖面积，还取决于绿化的空间结构和绿地类型，以及构成绿地的植物种类。所谓绿化三维量，就是指绿色植物茎叶所占据的空间体积，依据植物空间占据的体积来反映绿化结构形态的生态作用。相对于平面量（如绿化覆盖率）而言，三维量能更好地反映城市绿化在空间结构方面的差异。在植物三维量模拟估算上，曾有人应用遥感技术与实测回归调查估测森林蓄积量。然而，由于城市绿地具有结构类型复杂、树种多样、种植不规则和分布零散等特点，无法使用该方法。周一凡等提出了在彩红外航片上分树种逐株测算绿量的方法，该法是在航空相片上判读和测定树种、覆盖面积、株数、结构类型等特征数据和平面量，实测植物冠径、冠高、冠下高等样本数据，再由计算机模拟冠径、冠高，进而求出绿量，这样就将复杂的立体测量问题简化到平面上来解决。

（4）城市绿地景观格局分析及其变化研究

城市绿地景观生态的研究主要集中在城市生态绿地的尺度、城市绿地破碎化分析、城市绿色廊道研究、城市绿色网格、绿地景观异质性研究及城市绿地景观格局分析等方面。研究城市绿地空间格局的方法通常是首先选定一定的评价指标体系，如多样性指数、优势度指数、均匀度指数、最小距离指数、连接度指数、绿色廊道密度等，再以研究地点的遥感影像、地形图等为基本资料，提取各种绿地信息，在GIS软件环境中可以方便地计算出评价指标，从而进行相应的空间格局分析。

景观的生态稳定性取决于其空间结构的多样性、总生物量或潜在生物量、恢复与再生能力以及抗干扰水平，而干扰对于景观演变具有决定性的意义。研究城市绿地景观格局的变化，有利于了解人类活动对城市绿地的影响以及绿地对此的反应，寻找其中的规律，为绿地建设和管理提供科学依据。

借助于其他领域的研究成果，城市绿地景观格局变化通常采用的研究方法是：利用不同地段的遥感图像与地形图，在地理信息系统软件的支持下通过几何校正和影像拼接等处理，结合外业调查进行计算机监督分类，提取绿地信息。随后选用几种景观格局指标，对不同地段的绿地景观加以比较，将不同时段的绿地斑块进行叠加获取转换矩阵，分析出各个阶段绿地结构特征、空间分布的差异、动态演变过程以及相关的影响因素等。

（5）城市绿地适宜度分析

适宜度理论是基于生物与环境相互关系提出来的，适宜度分析是指土地资源对某种特殊利用适宜程度的确定过程。适宜度分析研究主要集中在城市用地、农业用地、经济林种植、草地环境等方面的评价上,针对城市绿地适宜度分析较少。况平于1994年率先使用GIS工具研究了北海市区园林绿地系统用地适宜度,其基本思路是:采用植被、景观、坡度、生态敏感区和土壤价值为绿地用地适宜性分析因素并确定各自的权重,按园林绿地用地生态决定因素适宜性评价及权重在GIS环境中形成单因素图层,每个因素分为三个适宜性等级以表明适宜性高低,利用GIS空间叠加功能计算出加权多因素值,从而确定城市绿地用地适宜度。

(6) 城市绿地景观规划

运用3S技术进行城市绿地景观规划主要集中在以下三个方面。

① 城市热岛效应评估。高强度的城市化、工业化导致了城市热岛效应,运用3S技术进行城市热岛效应分析时,一般是将卫星影像中热红外数据(如TM6)在遥感处理软件中进行几何纠正及灰度等级划分和归类,寻找出城市热岛效应强度不同等级的区域,或利用地面温度反演技术提取不同等级的区域,然后有针对性地进行绿地布局。

② 景观可达性的确定。对某一公园选址,或进行城市绿地的具体布局时,要考虑到绿地景观的可达性。可达性反映了某种水平运动过程中的景观阻力,主要用来表示物种穿越异质景观时的难易程度。景观可达性可作为衡量城市绿地系统功能的一项指标,在具体分析中,利用GIS工具中的缓冲区分析和最短路径分析等功能来评价城市绿地分布的合理性和有效性。

③ 城市物种多样性规划。根据群落生物多样性导致群落稳定性的原理,要使城市绿地系统结构稳定、协调发展,维持城市的生态平衡,必须增加城市绿地系统的生物多样性。从目前的研究来看,多集中于绿地景观结构对鸟类的种类、分布的影响,绿地廊道与野生动物保护的关系,绿地物种组成与人类活动干扰的关系等。多种空间战略被认为有利于生物多样性的保护,包括保护核心栖息地、建立缓冲区、构筑廊道等。而GIS强大的空间数据查询、管理及分析能力,在生物多样性保护的景观规划中将发挥重要作用。

2.4.4　城市生态环境监测与3S技术

1. 3S技术在城市环境质量评价中的应用

3S技术运用于环境质量评价有相当的优势,它可以在遥感图像的支持下,获取要采取的环境指标的定性信息,然后制定出合理的采样方案,划出重点采样区,以提高工作效率和样品的利用率,然后在GPS提供的高精度定位信号指引下,完成采样任务,并即时把信息反馈给控制中心,中心可利用返回的信息进一步调整采样方案,实现实时指挥。在采样结束以后,将预处理的信息输入GIS中,利用插值或拟合方法扩展,得到有关环境参量的浓度分布图,了解各参量(主要指污染物)的空间分布及超标情况,然后利用GIS的叠加分析、缓冲区分析、路径分析、趋势面分析等进行全区环境质量的综合评价,再将评价指标输入环境管理规划模型中,制定出该区域的环境规划策略。

可以预见,随着3S技术研究的不断深化,环境质量评价体系将能更加准确地筛选评价因子,更能自动、智能、有效地得出评价结果,并能应用不同的专家体系得出不同的评价方案,进而进行方案优选。这样一来,不但为环境质量评价研究带来了广阔的应用前景，而且将使环境质量评价研究更具有科学性、针对性和公正性。

2.3S 技术在城市环境监测与管理方面的应用

加强城市环境监测与管理，对于实现区域可持续发展具有重要意义。将传统的环境监测技术与现代信息技术相结合，利用遥感技术、全球定位系统和地理信息系统，已被实践证明在城市环境监测和城市环境管理中有很大的优势。

（1）3S 技术的应用，将有效提高环境质量监测信息管理现代化及业务化水平。环境监测信息的最明显特征就是具有空间性，每个污染源、采样点均具有特定的地理环境，在这方面，GIS 空间信息管理的综合分析能力、遥感技术的空间动态监测能力以及 GPS 的高精度定位能力，均为环境监测信息管理工作奠定了良好的技术基础。

（2）3S 技术应用为环境监测信息管理动态化、宏观化提供了一种新的技术方法。GIS 技术与遥感技术的结合为环境监测工作提供了一套全新的空对地观测及信息分析方法，在目前情况下，对城市的生态环境及生态脆弱地区的环境监测有特别重要的意义。

（3）3S 技术应用可大大提高环境监测信息直接为政府和公众服务的能力。GIS 技术与遥感技术提供的快速、直观、生动和动态的环境监测信息处理及表征方法，尤其是与多媒体技术的结合，可以将环境监测数据转变成直接能被政府决策使用的信息。

（4）3S 技术应用为环境突发灾害事件的监测与评估提供了功能强大的技术支持与保障。GIS 的空间信息综合分析能力，能使我们在实地监测及模型模拟的情况下，快速分析出某一特定污染灾害区域内受灾情况的综合信息，为快速决策、制定应对措施提供一套强有力的信息处理工具。遥感技术可提供实时动态的监测方法，以便应对海洋石油污染、赤潮污染等重大灾害事件。GPS 也可为确定灾害的发生、发展提供快速的定位方法。

3 城市更新背景下的低碳生态建设

3.1 低碳生态导向下的城市更新

我国正经历大规模的快速城市化进程，土地空间短缺、城市环境恶化、资源能源匮乏等问题已成为城市发展的瓶颈。低碳生态城市是以减少碳排放为主要切入点的生态城市类型，它将低碳目标与生态理念相融合，最终实现"人—城市—自然环境"和谐共生。在资源环境约束的条件下，面对中国城镇化的现实矛盾与未来挑战，以低碳生态城市理念确定的新型城市发展模式具有重要意义。其中，物质资源的循环与高效利用是低碳生态城市的重要特征。城市更新作为破解土地资源紧缺难题的一种手段，主要以已建成区为对象，通过对存量土地资源的空间整合与潜力挖掘为城市经济的持续发展寻找新的空间，从而实现土地资源的循环利用和用地效益的提升。可见，城市更新是低碳生态城市建设的重要途径之一。

低碳生态城市的更新目标应以低碳生态理念为指导，以综合整治为主要更新方式，适度推进以拆除重建和功能置换为手段的城市更新。在更新前期调查、更新方案比选、更新实施与管理、更新评估与修正等更新全过程中，全面贯彻低碳生态理念和技术方法，倡导空间结构紧凑化、土地利用混合化、交通系统低碳化、绿色建筑规模化、产业经济循环化、生态环境友好化、社会发展公平化，打造经济、社会、环境和谐发展的绿色有机更新之路（图3.1）。

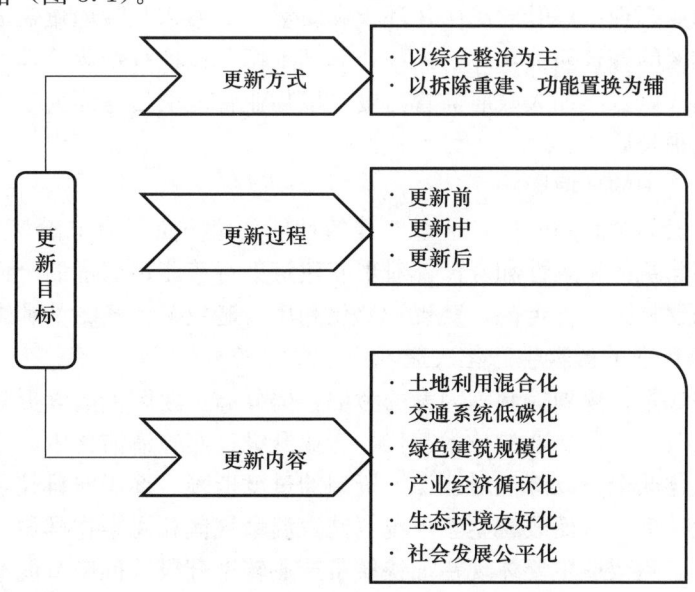

图 3.1 低碳生态城市的更新目标

3.2 基于不同更新方式的低碳生态要求

3.2.1 综合整治中的低碳生态要求

从可持续发展角度来说，综合整治作为一种修复式的改造手段，相对于拆除重建这种大拆大建的改造方式，在资源利用、节约能源、保护生态环境等方面具有积极作用。从某种程度来说，综合整治本身就是最大的低碳生态更新策略，通过建筑、产业、交通、市政、环境等不同方面来具体体现低碳生态改造策略。

1. 推进现有建筑的节能改造

对于适合采用综合整治更新方式的新村、居住区和工业区，应着力推进现有建筑的节能改造，即通过绿色技术、可再生能源应用、建筑维护与物业管理等措施，全面推进现有建筑的节能改造。

(1) 促进绿色技术和可再生能源应用

综合利用各种绿色建筑技术和产品，对现有建筑进行低碳生态改造。在保持建筑原结构框架基本不变的基础上，通过外遮阳、自然通风、自然采光、中水回用、雨水收集、人工湿地、立体绿化、底层架空、透水性铺装材料、节能隔音门窗、节能照明、节水器具等绿色建筑技术和产品的应用，降低建筑能耗，减少碳排放强度。

在改造过程中推进可再生能源的规模化应用，大力推广太阳能、浅层热能、生物质能、风能等可再生能源在建筑中的应用。如在建筑屋顶适当增加太阳能收集器，提供制热、制冷或者给蓄电池充电等多种功能，建筑中配置太阳能热水器，安装空调余热回收装置，在高层建筑中推广运用可再生能源等。

(2) 加强物业管理

加强住宅物业管理，提升居民居住环境和质量。扩大物业管理覆盖面，积极推进老住宅区和农村社区的综合整治，并引入物业管理工作。在现有物业管理区域内，进行契约式能源管理模式试点，加大政府监管力度，以物业管理项目考评为手段，提高物业管理企业的服务水平与质量。

(3) 降低实施中的环境影响

在改造、拆毁和再利用阶段，通过对建筑性能的全方面诊断，合理更换建筑材料、设备系统，提高建筑的耐久性和寿命，对现有建筑进行节能、节水的全面改造，合理规划拆卸、更换的建材、设备走向，实现资源化利用，避免对环境的不利影响。

2. 推进现有产业的低碳生态化改造

出于对改造成本、规划控制等因素的考虑，部分旧工业区无法以拆除重建或功能置换方式进行全面改造，需要通过技术替代、产业升级、实施清洁化生产等方式实现现有产业的低碳生态化改造，以降低对能源、资源的过度依赖，逐步向科技化、创意化、循环化的现代产业转变，从而改善生态环境，减少温室气体和污染物排放。综合整治对现有产业的低碳生态化改造主要体现在加快城市产业转型升级、推广节能减排技术和综合利用资源能源三个方面。

（1）加快城市产业转型升级

低碳生态产业优化升级主要体现在以下三个方面：强化主导产业发展、促进衰退产业的调整与升级、加快新兴产业的形成与发展。综合整治对城市产业的影响主要体现在前两个方面，而新兴产业的形成与发展则主要受拆除重建和功能置换式改造的影响。

主导产业是体现城市产业特色、带动整个城市经济增长的支柱。通过更新改造、技术强化等手段改造现有产业，以循环经济模式引导产业升级，挖掘节能减排潜力。在工业企业推进清洁生产，积极培养企业的自主创新能力，引导并强化主导产业发展。工业区周边地块的更新改造为主导产业提供发展空间，通过发展生态工业园区，实现产业、企业的集聚化、规模化与循环化。

淘汰产业则需要通过产业调整和升级而获得新生。产业调整包括产业资产结构调整、技术结构调整、产品结构调整、组织结构调整及空间区位调整。在产业结构调整的基础上，还需要进行产业升级。产业升级包括产品、技术、管理等多方面的升级，具有创新性和灵活性。

（2）推广节能减排技术

以生态化调整和改造为手段，对现有项目重新进行行业分类评估和管理，淘汰落后的工艺技术，通过高新技术改造和适宜性技术相结合的方式提高资源能源循环利用，拓展产业发展空间，推动传统线性经济向循环经济转变，系统建立循环经济产业链。加强发展节能和提高能效的适用技术，采用先进的节能技术、工艺及设备，并对高能耗行业进行节能技术改造，加强能源和资源的循环利用，减少排放和资源浪费，提高产业整体水平。

采取多种措施大力推动清洁生产技术的应用，一方面，要通过市场和企业的力量，改造现有的工业体系，构建清洁、循环的生态工业体系；另一方面，政府要从多个角度提出合理的政策并加以实施。加强企业年度清洁生产审核绩效分析，鼓励企业通过清洁生产减少能耗和污染物排放，对重污染企业实行清洁生产强制审核，敦促制定低碳园区标准和评估体系。

（3）综合利用资源能源

低碳经济的核心是能源利用效率的提高和能源结构的转变。改善能源结构、降低能源碳密度，即单位能源中碳的含量，推广清洁、高效非碳基能源的使用，是推动现有产业低碳生态化改造的重要途径。按照循环经济理念和工业生态学改造现有产业资源能源、工业固体废弃物的再循环利用，调整能源结构，不断提升清洁能源的使用比例，大力促进太阳能、风能等可再生能源的开发利用，实现资源能源的循环利用。

强化重点企业节能减排管理，实行重点耗能企业能源审计和能源状况报告及公告制度，对未完成节能目标责任任务的企业，强制实行能源审计，推动企业加大结构调整和技术改造力度，提高节能管理水平。

3. 推进现有基础设施的低碳生态化改造

城市更新所涉及的基础设施主要包括道路交通设施和市政基础设施。综合整治方式虽然不能从根本上解决更新对象在道路、市政等方面存在的问题，但通过采取疏通道路、停车场绿化、完善排污设施、增加中水处理设施等措施，可以对现有基础设施进行低碳生态化改造，有效提高现有设施的供给能力。

（1）加快灰色道路向绿色道路转变

有计划地对更新片区内的道路进行低碳生态化改造，完善市政设施、人行设施、公交设施和交通设施。开展重点片区交通综合治理工作，改善交通微循环，打通瓶颈路，连通断头路，提高路网整体通行能力。打破城市社区的封闭隔阂，减少小区开发对城市支路的侵占，将有条件的小区部分内部道路纳入城市交通体系。

对传统交通模式进行渐进式的生态化改造。控制引导交通出行的数量，在单位排放量一定的情况下，降低城市交通的碳排放。大力发展步行、自行车和公交等高效绿色交通工具，满足城市居民个体、团体和社会要求，建立高效优质的慢行交通和公共交通出行系统，减少城市交通系统燃油消耗和尾气排放。

优化交通方式和构成。实现以步行、非机动车为主导，并与公共交通有效衔接的绿色交通方式结构。以人为本的理念对城市交通运输体系进行重新定位，优先级排序应为步行、自行车、公共交通、出租车、货车、摩托车。加大步行、自行车交通设施建设，形成连续、无障碍的步行和自行车交通系统，为绿色交通发展创造良好的设施条件。

通过城市更新解决公交场站的建设用地问题，城市中心区严格控制社会停车场数量，鼓励使用公共交通。居住区内合理发展社会停车场，并相对密集布置。研究建设集约、立体、生态型公交站的标准和方案，以试点先行方式探索生态型公交站的建设。对现有停车场进行生态化改造，提高绿化覆盖率，降低汽车噪声对周围环境的干扰，并对重点地段的交通声环境进行综合整治。

（2）促进现有市政设施的低碳生态化改造

对现状市政设施的改造应根据更新对象的不同采取相应的整治措施。对于城中村与旧居住区需要着重针对生活所需要的给排水、燃气、垃圾处理三个方面进行低碳生态化改造。提高生活污水处理回收率，加强污水处理和中水回用，规定中水使用比例，填补用水缺口。在已建成住宅小区中完善管道天然气转换，提高管道燃气普及率；公共区域采用太阳能照明用电，实施生活垃圾无公害处理。

旧工业区由于产业结构不合理、生产工艺落后等原因导致二氧化碳、固体废物、废水、废气等污染物排放量增加，严重影响城市环境。旧工业区中基础设施的低碳生态化改造应根据"固、气、水、声"的不同特点，以及本地污染物和废弃物的排放状况，制定相应的环境质量和污染控制标准，提高工业固体废物处理利用率、工业用水重复率，减少单位 GDP（Gross Domestic Product，国内生产总值）二氧化碳排放量。

3.2.2 拆除重建中的低碳生态要求

从城市长远发展角度理解，拆除重建方式在科学规划，满足环境、基础设施、城市景观等可持续发展的要求下，可以采取提高容积率、改善城市环境、增加就业岗位等措施，有效利用土地、空间资源，形成集约式发展。拆除重建通过对改造地区在产业、建筑、交通、市政、生态环境等方面的重构，可以最大限度地采用低碳生态理念及相关技术标准，形成一种全新的城市发展模式。

1. 落实海绵城市建设要求

在降水量丰富，降雨强度大的地区，海绵城市建设将作为编制城市更新单元规划时的必选专题。几乎所有更新单元规划编制过程中都会开展海绵城市专项研究，评估现状地下水位、水质、地质土壤及其渗透性、内涝灾害等情况。根据更新单元发展规模进行的海绵城市影响评估，明确海绵城市建设目标，如年径流总量控制率、面源污染控制率等，并提出相应的改善措施，如落实区域排水防涝、合流制污水溢流污染控制、雨水调蓄等设施的建设和河湖水系的生态修复要求；明确地块的海绵城市控制目标和引导性目标，并且结合总平面图，合理布局海绵城市设施。

除海绵城市建设专题外，城市更新单元规划还需开展生态修复专项研究，评估更新单元及周边生态要素，包括土地、水体、山体等，分析现状生态环境质量和存在问题。根据生态本底评估结果，确定各类生态要素的核心问题，基于目标导向确定符合用地功能的土地修复目标和指标，基于问题导向确定其他各类生态要素的修复目标和指标，并提出生态修复方案。

2. 大力发展绿色建筑

（1）强调全过程绿色建筑

我国城镇建筑目前的运行能耗为总商品能耗的 20%～28%。与发达国家比较，我国的单位面积采暖能耗为同气候条件发达国家的 2～3 倍，具有较大的节能潜力。近几年来，绿色建筑已成为从中央到地方各级政府关注的热点，发展"节地、节能、节水、节材"建筑成为我国建筑的发展方向。拆除重建为城市建筑再造提供了难得的机遇，也为更新后新建建筑由传统高消耗型发展模式向高效生态型发展模式转变、体现"生命周期分析"（Life Cycle Assessment，LCA）理念提供了最佳实践场。

拆除重建后的新建建筑应强调从规划设计阶段到施工过程、运营管理实施全过程控制、分阶段管理的绿色建筑思路：不仅强调在规划设计阶段充分考虑并利用环境因素，施工阶段确保对环境的影响最小，而且要关注运营阶段能为人们提供健康、舒适、低耗、无害的活动空间，拆除后将对环境的危害降到最低。强化新建建筑执行能耗限额标准全过程监督管理，实施建筑能效专项测评。从建筑生命周期角度来看，通过合理的资源节约和高效利用的方式来建造低环境负荷下安全、健康、高效、舒适的环境空间，实现人、环境与建筑的共生共容和永续发展，全面达到"节能、节地、节水、节材"的目标。

（2）完善绿色建筑设计

合理控制绿色建筑规模、容积率和面积，提高土地利用效率，加强住宅节地工作，确保不低于 70% 的住宅用地用于廉租房、经济适用房、限价房和 90m^2 以下中小套型普通商品房的建设，防止大套型商品房多占土地。

在新建建筑设计中应使用计算机模拟工具，对建筑窗墙比、体形系数、围护结构保温隔热性能和采光性能、生活热水系统等进行综合优化设计，加强自然风、自然光利用，改善室内声光热环境，保证室内空气质量。减少建筑空调制冷负荷，提高系统效率，节约建筑的运行能耗。合理采用可再生能源，实现污染废水资源化，减少对环境的污染，保证再生水使用的安全性、可靠性。合理设计雨水收集和景观水方案，减少市政供水，保障用水安全。建筑结构设计应当有利于节约材料，合理提高可循环、再生材料的使用量，提高建材耐久性。

（3）实施绿色施工

注重场地生态环境保护，严格控制噪声、光污染、施工弥散、大气污染等。注重在施工用水、用地、材料选择、废弃物处理等过程中贯穿节能、节水和节约材料理念，加强建筑工程扬尘控制，强化噪声与振动控制，完善建筑工地泥头车监管，并采取各种有效措施加强对人员安全与健康的保障，减少施工对环境的不利影响。积极培育建筑工业化示范基地，鼓励建筑工业化技术与产品的研发。

3. 探索产业低碳生态化发展

城市更新通过拆除重建方式对改造地区内的产业进行重新构建。相对综合整治方式，其侧重于对现有产业的优化、升级，拆除重建方式的产业策略更多的是强调对选择什么产业、如何在新的产业布局中体现低碳生态的一种引导与控制。下文以拆除重建为研究基点，从产业布局规划、节能减排技术应用、节能减排管理三个层面，对拆除重建方式中如何融合低碳生态理念进行分析。

（1）产业布局规划

拆除重建后的产业面临全新选择，如何从全新视角引导产业布局、发展低碳生态产业，需要根据上层相关规划进行。应以区域环境容量和资源条件为基准，加强产业空间布局与城市组团结构、轴带结构、土地利用效益的圈层结构、城市中心体系、城市空间管制分区的契合。大力发展高端服务业和高新技术产业，重点研发汽车、电子信息、生物与现代医药等产业的共性技术与核心技术，降低生产能耗和二氧化碳排放，培育形成一批具有自主知识产权、前瞻性的高新技术产业。

开展循环经济试点，创新生产模式，加快构建工业园区、产业功能区低碳生态化。对新建项目提高准入标准，严格准入管理，建立新上项目与节能减排指标完成进度挂钩、与淘汰落后产能相结合的机制。如西班牙 Parc BIT（Parc Balearic Information Technology）项目，在原有产业基础非常薄弱的条件下，通过引进高层次的产业，应用电信、电子媒体等新兴技术，建立起低碳生态产业，在促进地区产业发展的同时，形成了一个集生活、工作为一体的生态社区，成为低碳生态工业区改造的典范。

（2）节能减排技术应用

新引进产业应加强节能减排技术研发，建立以企业为主体、产学研相结合的节能减排技术创新与成果转化体系。构建节能减排技术服务体系，开发和培育节能减排市场，多形式、多途径、多层次推进节能减排服务产业化、市场化。

大力推进清洁生产，加强企业年度清洁生产审核绩效分析，鼓励企业通过清洁生产减少能耗和污染排放，对重污染企业实行清洁生产强制审核，实现产业生产低碳生态化。

以综合利用资源能源提升节能减排。调整能源结构，不断提高清洁能源使用比例，大力促进太阳能、风能等可再生能源的开发利用。

（3）节能减排管理

建立健全项目节能减排评估审查和环境影响评价制度，对达不到能耗和环保准入条件的企业依法不予审批、核准、备案。推进环保产业健康发展，制定重点发展环保企业认定标准。完善节能减排投入机制，多渠道筹措节能减排资金。充分发挥财政资金在节能减排中的引导作用，市、区财政部门应加大财政资金对节能减排方面的投入力度。

通过土地资源管理的刚性政策，按照产业空间集聚发展的客观要求，建立一套适应空间减量化发展模式下的产业管理模式，促进地方产业集群发展，激发企业创新活力，厚植企业根植性，实现空间结构优化、用地集约高效、产业空间集聚的目标。

4. 构建低碳生态化基础设施

相对于综合整治，全面改造是对更新地块的一种根本性新建，可以最大限度地实现许多新的理念和技术方法。低碳生态化拆除重建可以通过绿色道路交通体系构建、TOD模式（Transit-Oriented Development，以公共交通为导向的开发）、低冲击开发、垃圾无害化处理、中水系统及太阳能发电等措施，在基础设施规划建设中全面体现低碳生态理念和技术。

（1）打造低碳生态化道路交通体系

拆除重建式的城市更新可能会对地区内的道路交通体系进行重构，具体包含两个方面内容：一方面，当改造用地规划为城市交通设施用地时，需要从区域、城市层面研究如何构建低碳生态化道路交通体系；另一方面，当改造地块规划为非交通设施用地时，如居住、工业等用地，需要结合周边交通情况，重点对地块内部自身道路交通体系进行重建。前一个内容已经在空间结构中有所研究，这里主要对第二个内容进行分析。

城市更新地区的道路交通体系应加强与周边城市道路、公交设施、过街设施、人行设施的一体化设计，实现地铁、巴士和的士等多种交通方式的无缝转换，提倡自行车、公共交通出行，构筑慢行系统，减少小汽车使用，加强城市步行设施的建设，为市民提供便捷、舒适的候车环境及步行空间。

TOD模式在集约利用土地、降低小汽车出行依赖等方面具有积极作用，也是城市更新发生与实施的重要促进因素。城市更新应结合城市轨道交通规划建设，积极推动轨道站点周边用地更新改造活动，适度提高用地开发强度，使更新地块内部道路交通系统与城市快速公共系统形成无缝衔接。

（2）加快绿色市政设施的应用与推广

拆除重建更新方式为改造地区按低碳理念规划建设公共基础设施提供了全新机遇。更新地区应根据现状特点，结合城市基础设施规划布局，合理规划布局环境卫生设施，提高设施使用率，提高垃圾无害化处理和综合利用水平，提高日常保洁能力和环卫设施的建设、运营和服务水平，实现垃圾收集运输密闭化，垃圾处理无害化、减量化、资源化，提高环卫工作机械水平和工作效率。重视控制废弃物的生产源，鼓励发展较少废物或无废物的生产工艺，建立废弃物管理制度。

综合考虑城市所在地区水系统特点，将给排水纳入区域水循环系统统一考虑。给水规划需要全面采取雨、污分流体制，加强雨水收集利用、污水处理和无害排放。加强规划引导，推广生活节能，加大实施能效标识和节能、节水产品认证管理力度，降低服务行业的能源消耗水平。

防止拆除重建对地表和地下水造成冲击，以低冲击开发模式（Low-Impact Development，LID）开展更新改造，实施"城市可持续排水系统"（Sustainable Urban Drainage Systems，SUDS）。通过收集、储存雨水和中水来阻止区域内的水流失，落在屋顶、太阳能收集板、小路、外廊、阳台的雨水被收集并输送到地下，与经过过滤的下水道污水、淋浴和洗漱用水得到"中水"混合，可灌溉屋顶花园、维护生产性景观植被，同时也有利于生态廊道渗入场地，而"绿色走廊"为本地动物提供了良好的生存环境。

最大限度避免依赖区外基础设施，特别是水和电的供应。运用微风、阳光和植被进行制冷、加热和湿度调节，利用太阳能制造热水，使用低能耗的可再生的无毒材料，利用光电能源和太阳能光电板发电，过剩的电力则运输至蓄电池。在传统防灾规划的基础上，利用生态防护防灾减灾，并考虑生态安全的防灾减灾。

5.加快低碳生态社区建设

城市更新不仅要塑造全新的低碳生态物质空间、绿色产业系统，还需要在社区规划建设方面充分体现低碳生态理念，建设和谐型社区、环保型社区、人文型社区和清洁型社区。如中新天津生态城总体规划将社区规划纳入专项规划中，形成基层社区—居住社区—综合片区三级体系，并结合三级体系提出组团布局、空间紧凑、建设强度多样化、步行优先等设计原则。生态社区还将引入公众参与、健全社区建设管理组织体系，组建真正意义上的横向社区居民自治管理网络，并组建生态解说员培训营以加强社区生态教育普及工作。

低碳生态改造的成功不仅仅要靠技术、方法和管理，还需要居民的共同参与，新的生态系统的形成取决于新的行动，更新改造必须考虑当地的社会结构和人们的日常习惯，将低碳生态理念融入居民的日常生活和行为中，只有这样才能真正实现低碳生态化改造。

3.2.3　功能置换中的低碳生态要求

功能置换主要是指改变部分或者全部建筑物使用功能，但不改变土地使用权的权利主体和使用期限，保留建筑物原主体结构的更新改造方式。

根据消除安全隐患、改善基础设施和公共服务设施的需要，可以加建附属设施，并应当满足城市规划、环境保护、建筑设计、建筑节能及消防安全等规范的要求。

从不改变建筑物主体结构的角度来看，功能置换类的城市更新可采取建筑节能改造、现有产业生态化改造等与综合整治相类似的低碳生态改造策略。从改变部分或全部建筑物使用功能的角度来看，尤其是在功能选择上，更新方向为产业的，可以借鉴拆除重建中有关产业调整、绿色建筑、低冲击开发等改造策略，强调功能转变过程中的低碳生态理念与技术的融合。

3.3　城市更新中落实低碳生态建设的措施

3.3.1　构建多层次的低碳生态更新指标体系

低碳生态规划、建设、管理和实施需要一套符合客观实际的评价标准进行控制与引导。以低碳生态为理念的更新指标体系应与传统城市规划指标进行有效衔接，一方面保留传统城市规划中的精华指标；另一方面根据低碳生态城市发展最新要求，对传统规划指标进行调整、优化并加入相应的低碳生态指标。

评价标准应结合不同层次的城市更新规划制定相应的指标体系来进行评价、监测和考核。指标体系分别通过控制性指标和引导性指标来指导城市建设、明确城市发展目标，并结合当地自然气候条件和城市发展阶段等因素分类考虑，设置不同的标准值进行考核，最后将各项指标与各层次规划相结合并落实到空间层面，创新不同尺度的低碳生态城市更新规划编制方法，在规划上充分体现低碳、生态的原则和目标，将低碳生态落到实处。其中，与实施联系最紧密的是，在更新单元规划层面，通过开展海绵城市建设和生态修复两个专项研究，针对每个地块提出具体的绿化覆盖率、透水率以及年径流总量控制率等方面的指标要求。

3.3.2 加强更新规划政策的空间引导与控制

通过容积率奖励、地价优惠、审批手续简化等国土空间规划政策，鼓励在更新改造中创造更多的城市公共空间，保护城市生态与文化遗产，引导未利用地、闲置地的暂时性灵活使用。鼓励在建筑物或红线范围内开辟非独立占地公共开放空间，例如建筑底层架空、建筑沿街开辟骑楼等，使其满足相应设计条件并无偿提供给城市管理部门管理、供市民使用，并对在开发区内具有地方风格和文化特色的建筑或自然景观进行修复保护。

3.3.3 加强低碳生态城市规划关键技术标准与规范的制定

低碳生态城市更新涉及的规划技术包括两个方面：一是在规划中体现和强化生态城市的规划技术；二是低碳生态城市建设项目的技术。

首先，低碳生态规划的关键技术是低碳生态更新指标体系的构建、指标的量化和各项指标目标值的确定，包括如何计算不同改造方式、不同技术与方法下的碳排放，水、电、废弃物等指标的目标设定等。

其次，低碳生态更新规划要加强对城市更新片区生态承载力计算技术的研究，如土地、水、植物等不同生态要素的承载力计算。

最后，低碳生态更新还要研究不同改造方式下城市经济社会活动或重大基础设施建设对生态系统影响的评价和预警技术，在不同更新规划的编制中加入环境影响评价环节。

3.3.4 开展低碳生态更新的试点示范工程

目前低碳生态城市更新还在探索阶段，选取具有针对性的地区优先开展低碳生态更新对探索低碳生态更新的标准、规范及低碳适宜技术的研发推广具有十分重要的作用。要结合试点项目的实践经验，通过管理规定以及实施细则的制定、补充和完善，逐步加强其在全市的实施推广。

4 宜居城市智能低碳交通规划与建设

4.1 我国智能低碳交通概述

4.1.1 智能低碳交通的概念与内涵

1. 智能低碳交通的概念

智能低碳交通是我国未来的发展趋势。2019年9月，中共中央、国务院印发的《交通强国建设纲要》指出，推动交通发展由追求速度规模向更加注重质量效益转变，由各种交通方式相对独立发展向更加注重一体化融合发展转变，由依靠传统要素驱动向更加注重创新驱动转变，构建安全、便捷、高效、绿色、经济的现代化综合交通体系，打造一流设施、一流技术、一流管理、一流服务，建成人民满意、保障有力、世界前列的交通强国，为全面建成社会主义现代化强国、实现中华民族伟大复兴中国梦提供坚强支撑。

智能低碳交通是指以较低（更低）的温室气体（二氧化碳为主）排放为目标，将先进的信息和通信、传感、控制、交通组织、人工智能与大数据等技术有效地集成运用于交通基础设施网、运输服务网、能源网与信息网，融合发展整个交通管理系统而建立的一种在大范围内、全方位发挥作用的，实时、准确、高效的综合交通运输管理系统。该系统有利于降低能源消耗、减轻环境污染、提高交通运输效率、缓解交通阻塞、减少交通事故，从而使得人享其行、物畅其流。

广义来说，智能低碳交通的核心目标是人工智能助力节能减排。

首先，低碳交通是一种行为方式，包括生产行为和消费行为。从生产角度上说，体现在生产管理领域中，可以通过提高交通运输生产力、优化综合运输体系资源配置、提升交通运输组织效率、提高运载工具效能等途径实现低碳交通；从消费角度上说，体现在人们的日常交通出行中，例如城市内部因地制宜建设温馨舒适的步行、自行车系统，重视独立设置的绿道，推进慢行系统与城市公交系统的衔接，促进公共交通、高铁系统与电动汽车、慢行出行相结合的方式。

其次，人工智能技术也是实现低碳交通的关键技术依托。通过面向低碳智慧交通信息共享场景，针对交通信息时效性和分散性等关键性挑战，构建实时交通信息交易市场框架，建立起一种大范围内、全方位发挥作用的智能低碳综合交通系统，已经成为我们国家的战略目标。

2. 智能低碳交通的内涵

智能低碳交通是智能化技术赋能低碳交通的产物，具体来说是将智能化技术搭建的智能交通管理、用户服务、道路管理、交通控制等系统与低碳交通的各个组成部分深度融合，实现运输体系、基础设施建设、交通工具以及出行方式四个方面的低碳化和智能化水平提升。因此，智能低碳交通具有如下四个基本特征。

（1）利用互联网、区块链、超级计算等技术构建绿色高效交通运输体系

充分考虑大数据、区块链等技术，优化大宗货物的交通运输结构，加快运输结构"公转铁、铁转水"趋势。充分考虑超级计算、云控平台等技术，赋能低碳交通运输实现"公、铁、水、空"多种运输模式的智慧组织和调度，并结合人工智能技术建设智慧物流网络和配送体系，实现货物的高效、低碳运输。

（2）利用大数据、云计算等技术推进智能低碳交通基础设施建设

在大力发展"绿色新基建"（如城际高速铁路、轨道交通、充电基础设施）时，通过人工智能、大数据和云计算技术实现智慧城市和智慧交通建设的整体规划调度、运营管理。此外，还需结合智能网联技术加快智能低碳交通关键技术在车路协同、智慧充电、智慧监控等具体领域的应用与落地。

（3）电动化技术、新能源技术和智能网联技术助力智能低碳交通工具的发展

加快电动化技术和新能源技术在交通运输领域（如铁路、船舶、飞机、汽车等）的广泛应用；逐步解决智能网联技术在交通运输工具应用中的难点与挑战，最终实现智能、低碳的铁路运输、船舶运输、航空运输和汽车生态驾驶。

（4）利用数据共享、科学引导和宣传等手段推行绿色低碳出行方式

充分考虑宜居城市未来发展战略和当前出行状况，构建多层次城市交通出行系统，大力推广慢行交通和新能源交通。联合出行信息服务平台，通过交通大数据实时制定低碳出行方案，实现智慧、绿色、可定制化出行。构建碳排放审计体系，实时计量、评判每一城市用户的碳排放量，并允许用户进行碳积分交易，依据个人碳积分进行奖惩，促进用户选择更低碳的出行方式。

4.1.2 我国智能低碳交通存在的问题

目前，我国正处于城市化和工业化进程中，仍然需要高碳产业的发展来支撑，高碳气体排放不可避免，低碳经济转型难度较大。目前只能够通过大力推广节能减排策略过渡，为将来最终实现宜居城市低碳交通的目标做好准备。

虽然我国许多城市在建设智能低碳交通方面有着极高的热情，也采取了许多对应的措施且取得了很大的进展，但总体而言，大多数城市还是只停留在口号阶段，缺乏更实际的行动。据相关研究，各试点城市的工作的实质性进展尚未有成果，大部分城市仅是发布指导方针等，缺少详细的政策指导和明确的目标。在宜居城市智能低碳交通建设方面，仅有各市政府领导的以发展公共交通系统为主的建设工作的开展。单靠政府的力量，并不能进一步促进城市低碳交通的发展。智能低碳交通的建设，不仅需要政府来主导，更需要全社会动员一切力量来共同参与。如今，我国城市的智能低碳交通刚刚起步，出现了一些问题，突出表现在交通拥堵、机动性与非机动性的失衡、环境与资源的矛盾等方面。只有把这些出现的问题妥善处理好，我国才能顺利推进智能低碳交通的建设。

1. 交通拥堵

近年来，我国经济社会快速发展。据公安部统计，2023年全国机动车保有量达4.35亿辆，其中汽车3.36亿辆。全国有94个城市的汽车保有量超过百万辆，与2022年相比增加10个城市，其中43个城市超200万辆，25个城市超300万辆，成都、北

京、重庆、上海、苏州等 5 个城市超过 500 万辆。

随着机动车总量的迅速增加，城市道路交通拥堵现象越来越严重。驾驶机动车会产生碳排放，许多不必要的碳排放也会随着交通拥堵而产生。我国各大城市都有严重的交通堵塞问题。根据国家统计局、公安部和中国汽车工业协会的统计数据，我国千人民用汽车保有量虽然已从 2001 年的 13 辆上升至 2021 年的 214 辆，但仍然远低于欧美发达国家及世界平均水平。比较之下，中国的城市机动化水平相对较低。假如我国与发达国家的汽车拥有率处于同一水平，我国的城市交通系统会瘫痪。这样看来，关键问题还是如何缓解我国的城市交通堵塞。

在国外，发达国家尝试过大量建设交通基础设施，以此来缓解车辆增长所带来的拥堵问题，比如素有小汽车王国的美国洛杉矶、韩国首尔等都使用过这种方式。然而事实表明，新的基础设施不仅不会缓解道路拥挤，还会带来新的交通拥堵问题，这种战略在我国可用土地资源短缺的情况下是不可行的。

其他发达国家有的为了缓解交通拥堵，对小汽车采取严格的限制措施，新加坡的成功经验就是很好的例子。但对于我国来说，值得思考的是，限制小汽车的发展是不是可行。汽车产业支撑着我国经济的高速增长，如果抑制了小汽车的发展，势必会对现有的国民经济造成影响。所以，当面对我国小汽车过多造成的交通堵塞问题时，应该努力引导合理使用，而不是仅仅考虑对总量发展进行限制。使用智能交通技术，如不停车收费系统、实时交通路况播报等，加快停车效率以及引导车辆避让拥堵高发路段，所有这些都可以帮助缓解交通拥堵。

2. 机动性交通与非机动性交通的失衡

当下，机动性交通在城市交通出行结构中占据主导地位，非机动性交通出现持续下降趋势，机动性交通与非机动性交通严重的不平衡会对低碳交通的构建非常不利，而小汽车交通的发展在机动性交通中最为明显。我国城市居民频繁使用小汽车，选择公共交通出行的比例较低，并且由于机动化的猛烈冲击，步行以及自行车的空间不断被侵占。

低碳宜居城市交通系统中，机动性交通应以公共交通为主，小汽车交通为辅。所以，形成合理的机动交通结构是必要的。从对南京市的调查结果可以看出，汽车拥有时间与汽车使用频率呈正相关。当小汽车成为家庭的必需品之后，居民的代步工具纷纷转为小汽车，公共交通的使用率会大大降低，随之分担率也跟着降低。而小汽车与公共交通之间存在一种反馈关系：汽车的过度使用加剧了交通拥堵，严重阻碍了非轨道公共交通的运行效率，导致乘客对公共交通的满意度降低，使乘客的数量减少。公共交通只能通过提高票价的方法来维持经营，这又加剧了乘客更多地选择小汽车出行的现象。

要实现城市交通低碳发展，必须同时考虑机动性交通与非机动性交通，使两者实现平衡，既有利于减少小汽车的使用，也有利于促进公共交通的发展，为实现这种空间结构需城市交通规划和土地利用规划的共同作用。另外，促进两者平衡的有效措施包括：在城市中心建设低碳社区，在社区内普遍使用步行以及自行车等非机动性交通，并在周边配上强大功能的公共交通来支持。

3. 给环境与资源带来威胁

目前的交通模式对我国的环境及资源非常具有威胁性，所以走低碳发展的道路是我国紧迫需要的，威胁包含消耗众多稀缺的资源、占用大量的土地资源以及交通噪声、汽车尾气污染等。交通所带来的噪声也越来越大，在一些城市的主干道上，噪声超过了70dB。在一些大城市，停车设施的严重短缺问题因机动车的总数变大而日益彰显。尤其表现在大城市的商业、政治中心等繁华地区，汽车寻找车位的同时也增加了尾气排放量。

为了推动交通与资源和环境的协调适应，世界各国都在研究和开发汽车新技术，找寻能替代石油的能源，开发新能源汽车产业。新能源汽车主要有三类，分别是电动汽车、混合动力汽车和燃料电池汽车。新能源汽车的发展目标是大力减少尾气排放，其中燃料电池汽车和纯电动汽车是零排放的汽车。发展汽车低碳技术首要重点就是提高传统的汽、柴油质量，使汽车的发动机装置得到改善，燃油的效率得到提高；然后研究和推广新能源技术，最终实现交通工具零排放的目标。所以将低碳汽车技术的研发与新能源汽车产业的发展相互结合，它不仅可以减少碳排放，还可以缓解汽车的能源供应问题，是低碳交通和汽车行业的双赢之路。

当下汽车低碳技术还处于尚未成熟阶段，一些技术难点仍需突破，相关基础配套设施也缺乏，所以新能源汽车有着较高的使用成本，推广也有着一定的障碍。如今降低新能源汽车购买成本的做法是政府给的一部分补贴，可以协助和推广新能源汽车的使用。

在我国，城市发展智能低碳交通必须要遵循国家社会经济发展的总体目标，在此前提下满足低碳转型的时代要求。这不仅需要国家政策的巨大导向作用，还需要技术手段和经济手段的强大支撑，多管齐下才能真正实现交通的低碳发展。

4.2 宜居城市智能低碳交通规划

4.2.1 智能低碳交通发展目标

1. 2030年目标

到2030年，努力实现交通运输二氧化碳排放达峰，总量控制在10.1亿t以下。交通运输终端能源消费量控制在5.3亿t标准煤左右，油品消费总量控制在3.9亿t标准煤以下，电力能源占比达到10%以上。绿色低碳的综合运输结构和出行服务体系基本形成，结构减排作用得到充分发挥；低碳交通技术创新能力和总体水平进入世界先进行列，节能低碳先进适用技术和产品得到广泛推广应用，智能交通体系建设达到世界前列；低碳能源转型取得突破性进展，清洁能源和新能源占比明显提升；基本实现交通运输低碳治理体系和治理能力现代化，总体适应并适度超前基本建成美丽中国和交通强国的需要，为基本实现社会主义现代化充分发挥支撑保障和先行引领作用。

(1) 集约低碳的综合运输结构基本形成

交通基础设施网络综合覆盖率进一步提升，国内通达、通畅性显著提高，各种运输方式的比较优势得到充分发挥，基本实现"宜水则水、宜陆则陆、宜空则空"；重要港区基本实现铁路进港全覆盖，港口集装箱"铁水联运"比例显著上升，铁路、水运的货物周转量承运比例达54.5%，沿海港口集装箱"铁水联运"比例达到10%以上，结构减排效应与贡献得到充分挖掘。

(2) 绿色出行方式和消费模式基本形成

公交分担率在大型城市达到63%、中型城市达到50%、小型城市达到35%，轨道交通运营里程达到8000km，共享出行比例占比达到15%，共享单车日均使用量6000万人次，电子商务占社会消费零售比例达到40%。

（3）交通运输低碳能源和技术革命基本实现

智能化水平显著提升，成为交通运输低碳发展的最重要途径。轻型车辆中新能源汽车占比达到18.5%，货运车辆中新能源货车占比达到10%；智慧交通、智慧物流在大部分城市得到广泛应用。

（4）交通运输低碳治理体系和治理能力现代化基本实现

低碳交通治理的领导责任体系、企业责任体系、全民行动体系、监管服务体系、市场体系、信用体系、政策法规体系、标准规范体系基本健全；低碳交通理念成为社会共识，中国特色的低碳交通文化蔚然成风；交通运输需求得到合理引导和有效调控，私家车保有量控制在260辆/千人以下；交通运输低碳发展统计监测考核体系、监管服务体系全面建成，高素质、专业化低碳交通人才队伍基本形成。

2. 2050年目标

到2050年，交通运输二氧化碳排放总量控制在4.7亿t以下。交通运输终端能源消费量控制在4.3亿t标准煤左右，油品消费总量控制在1.6亿t标准煤以下，电力能源占比达到44%以上。全面实现交通运输低碳治理体系和治理能力现代化，全面建成与社会主义现代化强国、美丽中国和交通强国相适应的低碳交通运输体系，为建成富强、民主、文明、美丽、和谐的社会主义现代化强国提供有力支撑，为全球平均气温温升控制在2℃、力争1.5℃之内做出重要贡献。

（1）集约低碳的综合运输结构全面形成

全面建成资源节约、衔接高效的综合立体交通网，全面形成TOD发展模式；绿色运输方式在综合交通运输体系中居于主导地位，各种运输方式的综合优势和组合效率显著提升，实现"宜水则水、宜陆则陆、宜空则空"。铁路、水运承担货运周转量比例达40.3%，沿海港口集装箱铁水联运比例达到30%以上。

（2）便捷优质的绿色出行体系全面形成

公交分担率在大型城市达到65%、中型城市达到55%、小型城市达到40%，轨道交通运营里程达到12500km，共享出行比例占比达到50%，共享单车日均使用量8000万人次，电子商务占社会消费零售比例达到70%。

（3）交通运输电动化、智能化和共享化革命全面实现

新增运载工具绝大部分使用新能源或清洁能源，最大限度发挥结构、技术、管理节能降碳的协同效应，实现交通运输全领域、各环节的清洁低碳，形成与资源环境承载力相匹配、与生产生活生态相协调的低碳综合交通运输体系。新能源汽车占全部轻型车比例达到85.5%，新能源货车占全部货车比例达50%；在绝大部分城市开展智慧交通、智慧物流应用。

（4）交通运输低碳治理体系和治理能力现代化全面实现

导向清晰、决策科学、执行有力、激励有效、多元参与、良性互动的低碳交通治理体系全面形成；绿色出行成为全民自觉习惯，低碳交通文化成为生态文明的重要亮点，交通运输需求管理全面实现科学化、减量化，私家车保有量控制在200辆/千人以下；交通运输低碳治理能力全面实现现代化。

4.2.2 智能低碳交通发展总体路径

1. 构建绿色高效交通运输体系

(1) 优化运输结构

现阶段交通基础设施空间布局总体呈东密西疏特征，客运基础设施布局主要集中于经济、人口密集的城市群区域，而货运基础设施布局与产业格局还有一定偏差。同时我国交通运输智慧化绿色化水平不强，综合交通运输结构不合理，多种运输方式相对独立，严重制约了综合交通系统高质量可持续发展。面对这些问题，未来应加强交通运输资源整合和集约利用，建设高效率国家综合立体交通网主骨架；提高铁路、水路在综合运输中的承运比重；梳理绿色高效交通运输体系的先进与不足，加强智慧低碳交通系统布局。

(2) 整合运输模式

智能调度在运输任务中发挥着计划、组织和管理作用，能够确保各项作业顺利完成，为旅客提供个性化、多元化、高质量服务，是构建高效交通运输体系的重要部分之一。然而，单一运输方式各有优劣，多式联运通过结合多种运输方式的优势，实现两种及以上交通运输方式的精准衔接，能够有效提高交通网络的覆盖面积，提升装卸效率，减少货物在途时间，同时减少货差货损。

(3) 建设智慧物流体系

由于物流贯穿生产和销售的所有环节，是企业生产能力和服务水平的重要支撑，如何让物流系统满足智能制造时代的企业发展需求，是当前企业尤其关注的问题。当前，我国面临着物流过程分散、运作效率低下、管理手段落后、信息化程度低、供应链难协同等问题。依托综合立体交通网主骨架布局，加快智慧物流网络建设，形成智慧物流配送体系，构建智慧物流体系是解决这些问题的重要手段。

2. 推进智能低碳交通基础设施建设

随着运输工具低碳发展，发展智能低碳的交通基础设施无疑是未来发展的必然趋势。我国智能低碳交通基础设施目前存在核心技术路径不明确、制度保障措施不健全、低碳利用循环水平低等重要问题。因此，应根据"双碳"背景下智能低碳交通基础设施建设的总体要求、重点任务和组织保障措施，细化行动路径与举措，制定专项方案，全面提升智能交通基础设施的绿色化水平。构建全过程节能降碳管理链条，针对智能低碳基础设施设计、招投标、施工、运营各个阶段管理特点和需求，纳入节能降碳效益评估，强化绿色低碳技术方案审查。实施碳排放跟踪监测制度，实现对碳排放量的监控和调优。

考虑到未来交通系统能耗（和碳排放）产生的不确定性，对交通基础设施的开发和应用效果需要以能耗和环境影响作为重要考量，充分发挥交通基础设施在节能低碳化交通发展的关键作用。因此，应加强低碳型智能交通基础设施应用，重点针对车路协同交通系统、智能节电技术和智慧监控等展开技术研究和试点工作，着力强化智能低碳交通基础设施技术创新应用，提升生态文明与碳排放管理能力，打造绿色低碳建设新场景。详细内容将在 4.3 节中介绍。

3. 发展智能低碳交通工具

现存的智能交通工具对电池能量能承载的密度有限，直接导致电池出现部分损耗或者续航能力降低。通过研究交通运输工具的电动化和新能源化，重点对新能源汽车技术、新能源船舶技术、铁路电气化技术进行探索。通过合理地选材和设计，加快交通工具转型，发展绿色智能的交通工具。

随着交通运输工具数量的增加，相应能耗排放法规日益严格，交通运输工具节能减排面临巨大挑战，交通运输工具智能化和网联化是实现我国碳达峰碳中和的主流方式，是提高未来交通效率和减少汽车能源消耗的有效路径。应针对我国汽车、铁路和船舶三大运输方式的发展历程、发展现状和关键技术，分析和总结智能低碳交通工具发展趋势及特点，着力提升交通工具的绿色化和智能化水平，构成推进交通运输现代化发展的有机体系。

4. 推行绿色低碳出行方式

城市交通运输是城市碳排放的主要来源之一。过量的私家车出行会导致城市交通拥堵，产生效率低下、能源浪费问题。实施发展城市公共交通战略，提高公共交通出行占比、优化公共交通体系以及推动绿色出行，能够有效助力交通运输碳减排。充分利用数字化技术，搭建智能出行信息服务平台，优化路网结构、改善运输线路，能使公共交通体系更便捷、高效，降低空驶率、空载率、空置率。

4.2.3 构建绿色低碳出行方式

1. 构建多层次城市交通出行系统

现阶段城市交通的主要方式有轨道交通、公交车、出租汽车、私家车、各类共享出行方式、租赁出行、自行车等。坚持把倡导绿色交通消费理念、完善绿色出行体系作为交通运输低碳发展的重大战略选择。深入实施城市公交优先发展战略，大力发展自行车、步行等慢行交通，加快推广网约车、共享单车、汽车租赁等共享交通模式，从源头上尽可能降低无效需求，促进交通运输系统减排。

1) 实施城市发展公共交通战略

(1) 以公共交通为主，慢行交通、轨道交通为辅的宜居城市公共交通系统初步建成

一方面我国公共交通增长较快，截至2023年9月，我国城市公共交通乘客运量达547亿人次；全国共有城市公共汽车70.3万辆，新能源公共汽车超54万辆；54个城市开通轨道交通运营，运营里程超9700km，互联网租赁自行车投放超1500万辆，日均使用约3000万人次。

城市内的交通出行主要以公共汽电车为主，但不同城市规模的公共交通分担率存在一定差别。据统计，2023年，北京市内工作日日均出行总量6044万人次，较2019年同期增长0.7%，其中共享单车和电动自行车等非机动车出行比例增幅明显，由12.5%增至16%。全年共享单车骑行量超过10亿人次，全市绿色出行比例达到74.7%。

(2) 大力发展宜居城市公共交通和慢行交通，提升绿色出行比例

建设以"公共交通＋自行车/步行"为主体的宜居城市交通体系。实现公共交通的规划优先、用地优先、资金优先和路权优先，加快快速公交、公交专用道、轨道交通的建设以及自行车道、行人道等慢行系统的建设，发展大运量公共交通系统。打造高品质、快捷化、多样化的城市客运服务体系。结合"公交都市"创建示范工程，从补贴机制、服务水平、信息化建设等方面采取措施，落实票价优惠政策，强化智能化手段在城

市公共交通管理中的应用，减少换乘与等待时间，提升出行体验。推广品质公交，进一步提高空调车辆在城市公共交通中的比例，提高无障碍城市公交车辆更新比例，提升运输装备的舒适便捷和快速程度。推出商务公交、旅游班车、定制公交等车辆类型，适应日益多样化的出行需求，使公共交通成为民众出行的优先选择，不断提高公共交通出行分担率。

2）大力发展慢行交通和共享交通

（1）以"网约车"为代表的共享汽车将成为城市出租车的主流，不断满足个性化出行需求

在城市交通中，共享化汽车是绿色发展的集中体现，是交通变革的关键，而网约车是现阶段汽车共享化的表现形式。中国共享汽车市场聚焦为三种发展模式：第一种是以滴滴（不包含专车）、Uber（优步）为首的C2C发展模式（Consumer to Consumer，消费者对消费者）；第二种是以曹操专车、首汽约车、滴滴专车为代表的B2C发展模式（Business to Consumer，企业直接向消费者销售产品或服务），在这类发展模式下，车企通常表现为自建车队；第三种则是以高德、美团为代表的聚合平台发展模式。网约车市场已步入市场成熟期，从覆盖区域上看，一线城市贡献了网约车平台超过50%的订单量；2017年起网约车市场开始向三四线及县级城市下沉，现阶段已初具规模。随着车辆运营效率的提升和服务的精细化，2020—2025年网约车客运量还将保持15%左右的增长，2030年之后将成为城市出租的主流。

（2）共享单车的普及让自行车回归城市，为交通节能减排带来新改变

2018年起，各个城市陆续停止政府主导的公共自行车项目，公共自行车陆续从大多数城市退出。与此同时，互联网租赁自行车（共享单车）逐步成为短距离出行的主要方式。随着城市公共交通系统发展带来接驳需求，共享单车投放量将重新小幅增长。

（3）打造高品质慢行系统，提供安全、温馨、便捷的宜居城市慢行交通环境

制定分类步行交通系统规划设计导则或规范，并将其纳入国家相关城市规划体系。强调城市内部因地制宜建设温馨舒适的步行、自行车系统，推进慢行基础设施与宜居城市公交系统的衔接，促进公共交通、高铁系统与电动汽车、慢行出行相结合。

2. 智慧赋能绿色出行

1）出行即服务

（1）出行即服务的产生与定义

"出行即服务"（Mobility as a Service，MaaS）这一概念最早出现在2014年的芬兰赫尔辛基欧盟智能交通系统大会上，源于在瑞典哥德堡进行的一场交通出行实验。随着这一概念的问世，少数国家开始对MaaS进行研究，并在2014年芬兰赫尔辛基欧洲智能交通系统大会上正式提出MaaS这一概念。至此，MaaS在全球范围内受到广泛关注。

作为一个尚未有成熟形态落地的新生概念，MaaS在其发展过程中被多次解释和描述，尚未有统一的严格定义。其中，MaaS联盟定义MaaS为各种形式的交通服务整合为一个按需访问的出行服务；芬兰城市交通服务平台MaaS Global将其定义为将各种交通方式整合到一个直观的移动应用中，它将不同供应商提供的交通方式无缝整合起来，

处理从出行规划到支付的一切事宜，无论您是喜欢按需购买出行服务还是订购经济实惠的月度套餐，MaaS 都能以最智能的方式管理您的出行需求；伦敦大学学院 MaaS 实验室认为 MaaS 是一个以用户为中心的智能出行管理和分派系统，其中的集成商（供应商）将多个出行服务供应商的服务整合在一起，通过数字界面为最终用户提供访问这些服务的机会，从而使出行者能够无缝地规划出行和支付费用。

尽管当下交通领域对 MaaS 的定义尚未统一，但从各方给出的描述来看，对于 MaaS 的定义有比较强的共性认知：MaaS 是交通方式的高效整合；MaaS 需要以一个平台作为用户访问的载体；MaaS 提供的是智能解决方案，覆盖了从规划到支付的全部出行节点；MaaS 的建设需要多方参与的组织间合作；MaaS 提供的服务是个性化、定制化需求的产物。

（2）MaaS 在国内外的发展

自从 MaaS 概念有了初步的雏形，MaaS 在全球范围内受到了广泛的关注，许多城市、交通行业组织和企业都开始了 MaaS 的研究与试点项目应用。从时间上来看，最早提出 MaaS 概念雏形的是瑞典哥德堡 UbiGo 项目，他们在 6 个月内总共完成了 12000 笔交易；2015 年 MaaS 联盟正式成立，由欧洲智能交通系统相关单位组成，面向欧洲开始研究和普及 MaaS。2016 年，第一个具有集成能力的 MaaS 系统出现，即在芬兰赫尔辛基落地的 Whim 产品；经过几年的尝试，2019 年众多巨头开始进入 MaaS 领域，包括研究成果、白皮书、投资等内容开始出现。

在我国，2019 年 7 月交通运输部发布《数字交通发展规划纲要》，其中明确提出"倡导'出行即服务（MaaS）'理念，以数据衔接出行需求与服务资源，使出行成为一种按需获取的即时服务，让出行更简单"。2019 年 9 月中共中央、国务院印发《交通强国建设纲要》，提出要"大力发展共享交通，打造基于移动智能终端技术的服务系统，实现出行即服务"。2019 年 12 月交通运输部印发《推进综合交通运输大数据发展行动纲要（2020—2025 年）》，提出"鼓励各类市场主体培育'出行即服务（MaaS）'新模式，以数据衔接出行需求与服务资源"。在此背景下，各地方积极响应并启动 MaaS 体系建设，其中包括北京交通绿色出行一体化服务平台（MaaS 平台）、上海绿色出行一体化平台"随申行"App 等。

2）智能信息服务平台

在 MaaS 体系之下，智能信息服务平台所承担的主要工作是为出行者提供基于全部出行方式的、精准的、实时的出行信息服务。MaaS 的本质在于通过一体化的服务能力为出行者提供智能化、精细化的出行决策，从而引导公众选择更加适应当前城市交通情况、自身出行偏好的出行方式，以调节城市总体出行结构和道路交通压力。因此，在 MaaS 体系中，智能信息服务平台扮演了非常重要的角色。

智能信息服务平台的根本基础是交通数据基础建设，在此基础之上的是对大数据的深化开发形成的各类服务和应用。

（1）数据基础建设

智能信息服务平台的建立应以城市交通大数据的深化应用为基础。对于 MaaS 建设来说，跨部门的数据共享是实现 MaaS 的根本。结合政府的角色来看，政府可以作为跨部门协调、归集数据的"经纪人"，一方面构建数据保护及质量要求标准，另一方面推动数据开放。MaaS 的良好运行需要有综合的数据集成进行支持，主要涉及以下几类（表 4.1）。

表 4.1 MaaS 所需数据集成分类

出行服务	公交	时刻表、路线、站点、实时车辆位置、车内状态信息、价格及其他数据
	轨道	时刻表、路线、站点、实时车辆位置、车内状态信息、价格及其他数据
	网约车	车辆信息、价格信息、实时位置、预订信息等
	共享单车	站点位置、可租车辆数、可还车辆数等
出行服务		刷卡、扫码乘车数据、在线预订数据等
基础设施	停车	停车场位置、容量、剩余车位数、价格等
	充电桩	位置、剩余充电桩数量、适配车型、价格等
路网数据		道路名称、平均速度、拥堵状况、公路事件等

（2）立足于出行者的信息服务

智能信息服务平台与传统服务的本质区别在于：传统服务回答的是"怎么去"的问题，它用孤立的信息为公众提供基础便利，包括路线、站点、票务信息等。其根本逻辑在于公众在没有更多信息获取的情况下，基于自身的经验或偏好已经自主决策了出行方式；智能信息服务平台回答的是"该怎么去"的问题，区别在于出行不只知道目的地，并希望智能信息服务平台来推荐出行方式。

为公众提供智能化出行服务的核心在于"整合"和"输出服务"两个动作。整合是指对交通方式以及各部门、组织主导的交通方式信息数据的整合。这些交通方式和信息数据被高度整合之后，需要转变为公众出行者能够简易理解和使用的服务，帮助其获得智能化的出行体验。

首先，是对交通方式的整合。与现有的出行服务系统相比，MaaS 是对城市或区域内的全部交通方式的整合，既包括传统的公共交通方式（公交、地铁、轻轨、电车、轮渡、出租车等），也包括一些近年来兴起的出行方式（共享自行车、网约车、拼车、共享汽车等）。特别是在区域层面，MaaS 应当具备城际出行方式整合的能力。交通方式的整合是 MaaS 基于全部出行方式及其运行情况信息数据，为出行者提供一体化联程出行规划的基础。

其次，对于使用 MaaS 的出行者来说，作为终端用户，出行者应该拥有尽可能多的出行选择。同时，每一个出行的选择或规划都应该是结合出行者偏好给出的最优方案。建议的出行方案应该尽可能用最少的交互步骤来激活服务，确保收集到的信息/数据是最新和准确的，并能够保障用户的信息隐私安全。

再次，出行是一个动态过程，用户在出行的过程中会因为线下路线引导、车辆进站时间不准确或其他服务提示不到位，面临多种出行中的障碍或焦虑。因此，在出行过程中，出行者希望能够得到一个全程陪伴的"智能出行管家"，帮助出行者在出行过程中解决可能遇到的各类问题，并保证其得到的信息/数据是实时动态的。

最后，MaaS 作为一体化出行的先进模式，其一体化能力也是至关重要的。"可以用一个信息平台（App）解决全部问题"是 MaaS 发展的终极形态。减少出行特别是公共出行过程中需要不断切换不同信息平台（App）的步骤，能够显著提升出行便利度。

（3）交通数据赋能线下服务升级

基于移动互联能力以及海量数据的处理和分析能力，智能信息服务平台在出行者与城市交通管理者之间架起了桥梁。城市交通管理者根据出行者的行为特征，能够相对准确地掌握城市总体出行动态，并结合交通运行情况对其未来发展趋势做出预测。

3）智慧停车

交通拥堵是目前城市发展的顽疾。相关调研显示，多数道路拥堵发生在车主寻找停车位时。长时间寻找停车位引起的巡游交通，不但浪费车主的时间，也耗费燃料资源，同时还增加了不必要的碳排放。因此，如何让车主快速找到停车位已成为缓解交通拥堵的重要手段，也是节能减排的有效路径之一。

为解决"停车难"这一问题，国家从政策方面给出了相关导向，那就是向技术要生产力，基于智能化建设寻求智慧停车解决方案。自2015年以来，中国智慧停车政策相继落地，为行业提供了强有力的政策支持。2015年8月3日，国家发展改革委、财政部、国土资源部等七部委联合下发了《关于加强城市停车设施建设的指导意见》，指出在智能化停车建设方面，大力推动智慧停车系统、自动识别车牌等高新技术的应用，积极引导车位自动查询、电子自动收费通行等新型管理形态的发展，提高停车资源的使用效率。2021年国务院办公厅转发国家发展改革委等部门《关于推动城市停车设施发展的意见》，停车向统筹城市路内停车、路外停车的路内外一体化、基于"互联网+"服务的线上线下一体化以及整合停车和新能源充电的停充一体化发展，全国大中小城市2025年基本建成、2035年全面建成布局合理、供给充足、智能高效、便捷可及的城市停车系统。

（1）智慧停车方案

在国家政策的大力支持与激励下，一时间市场上涌出了各种"智慧"停车方案，其中不乏电子不停车收费、地磁、视频桩、高位视频、北斗等多技术并存的解决方案。其中，上海市道路运输管理局《上海市智慧停车场（库）建设技术导则》按照智慧化程度，将停车方案由低到高划分为G1、G2、G3三个智慧等级。

① 智慧公共停车场（库）

公共停车场（库）智慧停车系统按照智慧化程度由低到高划分为G1、G2、G3三个智慧等级，并应符合以下要求（表4.2）。

表4.2 智慧公共停车场（库）等级

建设类别	建设内容	G1	G2	G3
智慧设施	收费系统道闸	√	√	√
	停车场（库）专用电子地图	√	√	√
	停车信息采集发布设备	√	√	√
	泊位智能管控设备	√	√	√
	停车场（库）定位基站	√	√	√
	停车场（库）路侧单元	—	—	√
	停车场（库）全息感知系统	—	—	√

续表

建设类别	建设内容	G1	G2	G3
智慧应用	错峰共享	√	√	√
	停车预约	√	√	√
	统一支付	√	√	√
	电子发票	√	√	√
	寻车步行导航	√	√	√
	空泊位车行导航	—	√	√
	自主泊车	—	—	√
	自主接驾	—	—	√

G1级：适应基于人行导航的停车场（库）智慧停车系统建设，应具备停车场（库）专用电子地图、空余泊位感知发布功能、行人定位功能，为停车人提供寻车步行导航（反向寻车）、停车预约、错峰共享、统一支付等初级智慧停车服务。

G2级：适应基于行车导航的停车场（库）智慧停车系统建设，应具备停车场（库）专用电子地图、空余泊位感知发布功能、行人定位、行车定位等功能，提供空余泊位车行导航、寻车步行导航、精准泊位预约、错峰共享、统一支付等中级智慧停车服务。

G3级：适应于自动驾驶的停车场（库）智慧停车系统建设（基于V2X车路协同），在G2基础上通过加装场端感知系统和路侧通信单元，实现智能泊车与车场协同等技术深度融合，支持自动驾驶落地，成为未来出行服务的一部分。

② 智慧道路停车场

道路停车场智慧停车系统按智慧化程度由低到高划分为G1、G2、G3三个等级，并应符合以下要求（表4.3）。

表4.3 智慧道路停车场等级

功能类别	分级要素	G1	G2	G3
停车收费功能	道路停车费统一计费	√	√	√
	道路停车费扫码支付	√	√	√
	道路停车费线上支付	√	√	√
停车视频监控功能（高位）	停车视频监控	—	√	√
	停车视频存储	—	√	√
	停车录像取证	—	√	√
停车状态检测功能	车辆入位、离位状态检测	√	√	√
	车辆全过程状态检测	—	√	√
信息采集功能	停车入位、离位自动采集	√	√	√
	停车入位、离位自动计时	√	√	√

续表

功能类别	分级要素	G1	G2	G3
信息识别功能	车牌号码自动颜色识别	—	√	√
	车辆类型自动识别	—	√	√
	车辆外观属性自动识别	—	√	√
	异常停车自动识别	—	√	√
	违法停车自动识别	—	√	√
智慧应用	空车位查询	√	√	√
	智能调度	—	—	√

G1级：通过道路停车场智能地磁设备，在车辆进、离泊位过程中能自动采集进场、离场时间，与道路停车场管理者手持智能终端联动，实现车辆信息（车牌、车型）采集、道路停车费统一计费、线上支付、扫码支付、全市通还、征信管理等智慧化收费管理功能。

G2级：通过道路停车场路侧高位视频监控设备，在车辆进、离泊位过程中能自动采集进场、离场时间以及车辆信息（车牌、车型），自动实现道路停车费统一计费、线上支付、扫码支付、全市通还、征信管理等智慧化收费管理功能，无须道路停车场管理者人工值守。

G3级：在G2级功能基础上统筹区域道路内、外各类停车资源，实现科学分配和智能调度。

从G1、G2、G3三个智慧等级划分可判断，对智慧停车的要求不仅仅是解决停车识别、停车计费、电子支付等简单的停车管理功能，其作为智能交通、智慧城市的子系统，还要从全产业链及系统生态角度出发，更多聚焦城市路内、路外停车一体化、"互联网＋"服务的线上线下一体化以及智能泊车与车场协同等技术深度融合，支持自动驾驶落地，实现交通管理的智能化，甚至为提高现代宜居城市治理能力提供支持，成为未来出行服务的一部分。这也意味着智能停车行业的参与者既需要有成熟的技术支撑，也需要有整合智能交通生态资源的能力。

（2）智慧停车解决方案

① 高位视频停车解决方案成为主流选择

高位视频智慧停车系统利用安装在路边的摄像机和视频分析算法来探测周围的车位是否被占用，所有的泊位信息都与中央管理系统相连，并根据交通流量智能优化每个区域不同时段的停车价格。驾驶人可以通过手机快速找到空车位，而且在车辆停放后，完全不需要任何操作即可放心离开，视频分析算法将自动识别车辆特征和车牌号码并记录停车时间，车辆离开后可以准确地识别车辆离位，并将收费结算信息通知给司机，司机在手机上支付停车费。

通过高位视频技术可对道路停车实现分时停车、差别化管理，例如对于闲时的道路停车位或私人共享车位进行共享停车，结合早晚高峰易堵时段和区域，通过差别化收费方法进行分时停车管理,减缓道路拥堵及停车压力。同时系统可实现"僵尸车"等违法停车、不文明停车的自动取证,支持违法停车行为上传至公安交通管理平台,配合交通管理部门快速高效解决此类问题,从而保障了道路的畅通无阻、安全有序。

② 路内外一体化建设与运营管理成效显著

2017年之前,很多城市在解决停车难时往往是局部的、项目式的,不仅承建商之间彼此割裂,连功能之间都难以打通。2018年之后,越来越多的城市决策者开始用整体思维、城市思维把区域内的路侧停车位(路内车位)和封闭停车场(路外车位)当作一个整体对象来看待,统一规划解决停车问题。

城市智慧停车统一运营管理平台对城市的路内车位、路外停车场、立体停车楼进行统一管理,并可对停车收费订单、收费金额、用户缴费率、周转率、日占率等信息和数据进行分析、运营和管理,实现全市停车数据一张图。

城市停车大数据分析平台结合实时区域停车数据,帮助城市管理人员直观看到不同区域、不同时段的停车难易指数、停车位需求量、停车位缺口等内容,辅助管理部门分析停车"哪里难""有多难"等问题,并为道路、停车场等交通规划和交通组织优化等工作提供停车监管、停车高峰预警、停车需求热度、停车场选址等管理工具,综合分析展现全域静态交通情况。

③ 地图车位级导航

一是可以通过地图停车导航找到停车场。停车场作为汽车出行的起终点,可以通过影响驾驶路径的选择来实现缓堵减排。一方面车主通过地图实时获取出行目的地附近的停车场信息,实现车场查询、车位预订和路线导航等停车服务,让出行/停车更便捷;另一方面在导航的行前、行中向空闲车场导流,还有助于提高信息撮合的效率,在入场前智能分流,引导车主前往最佳车场。同时价格透明、流程规范、支付便捷,让停车消费更舒心。

二是可以通过地图室内外一体化车位级导航找到停车位。室内外一体化车位级导航可在车主入场前自动分配停车场中最适合车主需求的空闲停车位,在停车导航过程中实现车与位更高效的匹配。室内外一体化车位级导航还能在室内GPS定位信号不好的复杂环境下,实现正找位、反寻车的流程闭环,车主进场时,可以无缝切换室内导航,并精准导航到空闲车位;车主离场时,可以一键发起反向寻车,解决在地下车库找不到车的烦恼。经过测算,在大型封闭停车场中,晚高峰期间通过室内外一体化车位级导航可减少约5%的碳排放。

④ 自主泊车推动"最后一公里自由"时代到来

通过自主泊车和自主接驾,车辆可以自己去找停车位,也可以自己驶出停车场,将彻底解决停车"最后一公里"的导航问题。车主普遍愿意使用代客泊车服务,减少停车浪费的时间,然而由于人工成本和安全问题,很少有代客泊车服务。而自主泊车很好地解决了这一需求。通过在车库提前部署传感器、在车位提前安装倒车摄像头,或在车身上配置"摄像头+超声波雷达"等不同的技术路线,系统能在无人驾驶状态下对车辆做出准确的引导和管理。未来,随着自主泊车与路内外一体化智慧停车系统之间连接及响应的水平不断提升,用户将享受到更加轻松的停车体验,停车场的车位运营管理会更加高效。

4.3 宜居城市智能低碳交通基础设施建设

4.3.1 绿色交通基础设施建设

1. 绿色道路基础设施建设

绿色道路内涵丰富，具体可以从不同维度来全方位理解和把握，主要体现为"五个全"：系统构成体现全覆盖，包括绿色道路设施体系、绿色道路科技创新体系、绿色道路制度体系、绿色道路文化体系、绿色道路目标责任体系、道路生态安全体系等六大子系统；重点领域体现全覆盖，涵盖生态保护修复、污染综合防治、节能降碳、资源节约循环利用等；实现途径体现全方位，需综合采用优化结构、提质增效、科技创新、能力建设等方式；发展环节体现全生命周期理念，将绿色发展理念贯穿于决策、规划、设计、施工、运营、维护、运输、管理等全过程；发展对象体现资源环境的全要素涵盖，包括土地、岸线、能源、材料等主要资源节约循环，以及大气、水、土壤、声等生态环境保护。发展主体体现全民参与，包括政府、企业、中介组织和社会公众等，形成政府有效推动、企业自觉行动、社会共同参与的共治共享机制。

另外，绿色道路还具有多重属性，可以从不同视角进行全面审视。从物理属性来看，绿色道路不仅是一个个实实在在的道路工程实体，更是广大道路建设从业者精心设计、精心打造的一件件留待历史检验的创作作品；从技术属性来看，是在道路建—管—养—运全过程全面落实绿色发展理念，集成应用新技术、新产品、新材料、新工艺的交通子系统；从服务属性来看，是道路行业为满足人民美好出行需要而提供运输服务的功能载体，也是为满足人民优美生态环境需要而提供的优质生态产品。

（1）充电基础设施建设运营

在"双碳"目标下，发展电动车辆无疑是未来发展的必然趋势。2021年我国新能源汽车的全年总销量达352.1万辆，同比劲增1.6倍，作为新型交通基础设施，充电桩是电动汽车推广应用的基本保障。《"十四五"现代综合交通运输体系发展规划》指出，要完善城乡公共充换电网络布局，积极建设城际充电网络和高速公路服务区快充站配套设施，实现国家生态文明试验区、大气污染防治重点区域的高速公路服务区快充站覆盖率不低于80%、其他地区不低于60%。在此背景下，要大力推进停车场与充电设施一体化建设，实现停车和充电数据信息互联互通。重点推进交通枢纽场站、停车设施、公路服务区等区域充电设施设备建设，鼓励在交通枢纽场站以及公路、铁路等沿线合理布局光伏发电及储能设施，推动交通用能低碳多元发展，积极推广新能源和清洁能源运输车辆。配合相关部门研究制定各省高速公路、国省干线、内河航道和客运枢纽快充站、换电站布局方案，重点推进服务区、公路水路客运枢纽等充换电基础设施布局建设。

（2）氢能源布局：加注（气）站、加氢站等基础设施建设

加氢站是为燃料电池汽车充装氢气燃料的专门场所，氢气经压缩增压后储存在高压储罐内，然后通过氢气加注机为燃料电池汽车加注氢气。从"十三五"到"十四五"，国家关于氢能发展的政策出台频次愈加密集、支持力度愈加增强、发展方向愈加明确，逐渐形成了战略产业引导、鼓励行业创新研发、示范建设执行的氢能行业发展政策支持

体系。《交通强国建设纲要》提出要加强充电、加氢、加气和公交站点等设施建设，全面提升城市交通基础设施智能化水平。《关于完善能源绿色低碳转型体制机制和政策措施的意见》提出推行大容量电气化公共交通和电动、氢能、先进生物液体燃料等清洁能源交通工具，完善充换电、加氢、加气站点布局及服务设施，降低交通运输领域清洁能源用能成本。探索输气管道掺氢输送、纯氢管道输送、液氢运输等高效输氢方式。鼓励传统加油站、加气站建设油、气、电、氢一体化综合交通能源服务站。

（3）大力推广节能环保材料、工艺工法的应用

大力推广节能环保材料、工艺工法在基础设施上的应用，积极推动废旧路面、沥青等材料再生利用，扩大煤矸石、矿渣、废旧轮胎等工业废料和疏浚土、建筑垃圾等综合利用。积极推动钢结构桥梁、环保耐久节能型材料、温拌沥青、低噪声路面、低能耗设施设备等应用。推动公路与生态融合发展，将绿色低碳理念贯穿公路规划、建设、运营和维护全过程。

2. 绿色铁路基础设施建设

随着近年来铁路快速发展，特别是高速铁路的快速发展，铁路作为绿色交通工具，引起了全社会更多的关注和更高的期盼，人们期盼铁路更快捷、更安全、更绿色，更好地发挥在综合交通运输体系中的绿色骨干作用。

（1）集约节约利用资源和能源

科学布局线路和枢纽设施，集约节约利用土地、通道、桥位、枢纽及水资源，推进场站及周边综合立体联动开发。推广应用新型节能材料、工艺、技术和装备，淘汰高耗低效技术装备。加强新旧设施更新利用，推广建筑施工材料、废旧材料等回收循环综合利用，推进建设渣土等资源化利用。优化铁路用能结构，推广使用能源智能管控系统，提升能源综合使用效能。

（2）强化生态保护和污染防治

践行生态选线选址理念，强化生态环保设计，依法绕避生态敏感区、脆弱区等国土空间。依法落实生态保护和水土保持措施，推进铁路绿化工作，建设绿色铁路廊道。推进铁路清洁能源化、绿色低碳化。强化铁路节能环保监测管理，推进污染达标治理，有效防治铁路沿线噪声、振动。

3. 绿色港航基础设施建设

一是，全面提升港口污染防治、节能低碳、生态保护、资源节约循环利用及绿色运输组织水平，持续推进绿色港口建设工作，鼓励有条件的港区或港口整体建设绿色港区（港口）。

二是，推动内河老旧码头升级改造，积极推进散乱码头优化整合和有序退出，鼓励开展陆域、水域生态修复。

三是，加大绿色航道建设新技术、新材料、新工艺和新结构引进和研发力度，积极推动航道治理与生境修复营造相结合，加快推广航道工程绿色建养技术，优先采用生态影响较小的航道整治技术与施工工艺，推广生态友好型新材料、新结构在航道工程中的应用，加强水生生态保护，及时开展航道生态修复和生态补偿。

四是，探索建设集岸电、船用充电、污染物接收、加气加注等服务于一体的内河水上绿色航运综合服务区。开展旅游航道建设，打造一批具有特色功能的旅游航道和水上

旅游客运线路。

4. 枢纽的绿色基础设施建设

综合交通枢纽是综合交通网络的关键节点，是各种运输方式高效衔接和一体化组织的主要载体。推动枢纽的绿色基础设施建设，在提高综合交通运输网络效率、优化运输结构、提升多式联运发展水平、加快交通运输转型发展中具有重要作用。

推行交通枢纽场站节能建筑设计和建设，分区域构建综合交通枢纽场站"分布式光伏＋储能＋微电网"的交通能源系统，新建港口码头、物流枢纽等按照"能设尽设"的原则增建光伏设施，发展临港风电等能源系统。推动长三角、珠三角、环渤海主要公路客货运枢纽和主要港口等基础设施利用光伏、风力等可再生能源发电用电。鼓励在大宗货物短距离运输为主的港区建设应用封闭式皮带廊道及管道等设施或应用新能源车辆。推进有条件的枢纽场站、服务区、港口码头开展地热能、生物质能供热制冷。以重要港区、货运场站为主，推进内部作业机械、供暖制冷设施设备加快应用新能源和可再生能源，实现近零碳排放。

4.3.2 低碳型智能交通基础设施应用

1. 车路协同交通系统

车路协同交通系统是指搭载先进的传感检测器、控制器、无线通信等装备，并融合现代网络、自动控制、人工智能等前沿技术，通过车载-基础设施传感检测和数据传输获取车辆运行信息和道路环境信息，再通过车-车（Vehicle-to-Vehicle V2V）、车-路（Vehicle-to-Infrastructure，V2I）、车-人（Vehicle-to-Pedestrian，V2P）、车-云（Vehicle-to-Network，V2N）之间的通信实现信息共享，并形成人、车、路之间的协同。

由于在提升驾驶安全性、出行舒适性、交通运行效率等方面均有巨大潜能，车路协同技术得到很多国家的大力支持。发达国家纷纷提出车路协同的战略规划，如美国的《智能交通系统 2020—2025》《智能驾驶 4.0》、欧盟的《地平线 2020 计划》《可持续与智能交通战略》、日本的《战略性创新推进计划》《智能社会 5.0 规划》均对车路协同和自动驾驶领域提出了明确的战略引导。我国在交通强国、新基建等国家战略中也为车路协同技术明确了发展方向，《智能网联汽车技术路线图 2.0》中已经为我国 2020—2035 年车路协同发展制定了战略技术路线，并明确提出了中国方案智能网联汽车技术和产业体系在 2035 年全面建成的战略总目标。在学界和业界，车路协同也是智能交通领域的研究热点。近年来，车路协同市场规模和研究数量均呈指数倍增长。我国在北京、上海、广州等地相继开放了车路协同测试区，全国多地也在力推新的车路协同测试区建设。

（1）基于车路协同的低碳交通智慧管控系统应用

交通管理与控制是指在既有交通基础设施条件下，通过信息诱导、路径诱导、信号控制、车速引导等技术手段，实现交通系统车辆安全、畅通、高效通过路段或道路节点。交通管控的应用场景非常广泛，包括城市主干路走廊、交叉口、快速路、匝道和停车场等。面向车路协同的交通管理与控制是利用数据通信传输、计算机分布式处理等技术的有效集成，在对道路交通数据进行采集、处理和融合的基础上，针对道路动态交通流状态，对单车与车群进行准确、实时地管理和控制，通常以保障安全、缓解拥堵为目标。车路协同下交通管控的具体实现形式有交叉口信号感应控制、城市主干路走廊绿波控制、快速路匝道控制、智能网联车群换道决策控制等。面向车路协同的交通管控数据采集的主要对象是车辆高精度运行信息，采集方式有检测线圈、激光检测器、摄像头、雷达以及车载 GPS、车载诊断系统（On-Board Diagnostics，OBD）设备等。

将节能降碳融入智慧交通管控目标，首先要解决的技术问题是如何量化路上机动车在不同管控策略下的碳排放量。值得注意的是，从车辆能耗排放原理的角度出发，车辆碳排放强度受行驶工况（包含车速、加减速特征的车辆运行轨迹）和车辆参数（排量、能源类型、车型、车龄等）影响显著。由此可知，用于道路交通碳排放量化所需要的整车和运行信息，在精度和详细程度（采集频率）上比效率导向的交通管控措施所需数据要求更高。因此，需构建一个支持道路机动车碳排放监测量化的方法和设施设备体系，以获取碳排放量化和管控优化所需要的车辆运行轨迹、整车参数和碳排放因子三类信息。

在解决了道路交通流运行捕捉和碳排放监测量化问题的基础上，需要解析交通流潜在高碳排放致因机理（如行车交织导致的加减速密集区，长时拥堵、交叉口频繁启停等对各类车型排放的影响），包括探索典型交通管控场景下各类车型行驶工况特征和碳排放耦合机理，并形成多种管控措施下车辆潜在高排放识别机制。然后通过多层的交通管控措施优化交通流轨迹，实现节能降碳。基于车路协同的交通管控优化方案，可通过交通仿真技术建立管控区域的数字孪生模型并进行多情景预评估。在智慧交通管控优化方案落地实施阶段，也需要利用车载 OBD 信息，结合优化轨迹和碳排放量化方法，针对减碳效果进行监测和核验。

（2）基于车路协同的宜居城市低碳智慧出行共享服务系统应用

近年来，我国城市居民日均出行量和平均通勤距离呈现不断增长的趋势。城市公众出行特别是公众通勤出行对公共交通的需求很大。然而，地面公交"挤、慢、绕、僵"等运营现状导致公交分担率与上座率不理想，很多城市的公交服务效率低下，低公交分担率、长距离通勤等现状导致城市交通出行的高碳排放。而依托移动互联网的智慧出行，由于其舒适性与便捷性备受用户青睐。互联网预约出租车日均客运量连创新高，年均增长率为 51.8%，互联网租赁自行车日均骑行量高达 100 万人次。因此，充分利用互联网与车路协同优势，在进一步提升公共交通运营效率和出行品质的同时，提高合乘比例和车辆利用率，鼓励车辆新能源转型和绿色出行方式，是交通出行减碳的有效途径。

宜居城市智慧出行应用车联网、大数据、人工智能、云计算等先进技术，以更趋弹性化（大、中、小型组合）的交通运载工具，通过车辆智能调度与匹配，充分考虑运营商经济性和出行者的舒适度，满足出行供需平衡。车路协同环境下的智慧出行将基于对车辆状态的实时追踪，动态调整车辆路径和服务决策，实现高灵活度、高响应度、高匹配度的需求响应式动态公共交通出行服务。车路协同下智慧出行的具体实现形式包括可偏移式公交、定制公交、共乘网约车、共享自行车等共享集约公交出行方式，且适用于企业向大众提供服务的运营模式：企业通过共享平台及手机 App 自行车、乘用车和巴士等协同运营管理，为出行者提供全出行链的绿色和便捷交通服务；出行者使用手机 App 预约出行，使出行需求根据实际路况和车载 GPS 定位、自动载客计数（Automatic

Passenger Counter，APC）系统动态匹配到车辆，从而由运营商实施调度方案。从出行者角度来看，智慧出行能提高乘客出行的舒适度，吸引高碳排私家车用户向低碳公交出行迁移；从运营商角度来看，智慧出行通过更智能的车辆调度提升系统运行效率，改善传统公交由于运营效率和载客率低下导致的人均碳排放高的现状。因此，智慧出行在提供高质量公共交通服务水平的同时，可作为低碳出行的典型应用场景，在干预和诱导个人选择绿色出行方面大有可为。

对于车路协同环境下智慧低碳出行策略的制定，从企业车队角度来看，需要探索预算约束下企业新能源车分阶段的转型途径，实现转型过程全周期碳排放最低；从企业运营角度来看，需要探索以碳排放最小化（或单位载客里程的碳排放最小化）为目标的调度策略，开发多车型车辆调度运营优化技术，增加单位千米载客率，降低空驶距离，提高单位能源消耗的服务效率；从出行者角度来看，需要聚焦出行者个人对鼓励合乘和绿色出行的激励措施的异质敏感性和喜好演变特征。在此基础上，针对出行强度和时空分布大数据，建立绿色出行激励方案，对不同时段（高峰和非高峰）多人订单给予阶梯折扣或优先服务的方式鼓励合乘。

值得注意的是，车路协同作为一种先进的车辆监测、管控与诱导技术手段，尽管在改善交通流运行、减少路上拥堵、降低能耗和碳排放方面有很好的预期，但必须建立在出行者"配合"的前提下。因此，融合个人碳普惠机制与车路协同技术，将智慧出行和遵守智慧管控规则作为低碳行为纳入碳激励范畴，将有利于诱导出行者个体更好地遵循车路协同环境下的低碳交通系统运行模式，并促进智慧交通运营企业进一步提升绿色服务水平。

2. 智能节电技术

（1）LED节能灯技术

相对于传统照明灯具，LED（Light Emitting Diode，发光二极管）灯具有节能、环保、寿命长、响应速度快和发光效率高的特点。随着LED节能灯照明技术的成熟和一些新控制技术的快速发展，LED节能灯在交通领域的应用也越来越广泛，除了传统的照明外，还可应用于电子指示牌、可变情报板等设备。通过对高压钠灯与金属卤化物灯具的逐步替代，将有效降低交通基础设备的照明能耗，尤其对于隧道这种需要常年不间断照明的区域，更是效果显著。

（2）供配电节能技术

交通用电的特点是点多线长，无论隧道还是公路监控，用电设施间隔距离都比较长。采用传统低压供电方式，电缆成本高且电能在传输过程中损耗大；而高压供电虽然能减少传输损耗，但因为需要二次配电，其供电系统复杂，有时甚至会出现供电端的能耗比用电端还多的情况。随着物联网和互联网技术的兴起和成熟，采用基于能源互联网的智慧供配电系统，实现分布式大功率供电，能够有效减少电缆成本和电能损耗，同时通过物联网和互联网技术优化供电系统，实现对用电设备的智能供电。

智慧供配电系统主要包括提高供电电压、采用分布式供电、采用单相供电等方面。采用智慧供配电系统不仅能降低供配电系统的建设投资，同时还能从机电系统的全寿命周期上考虑，提高供配电系统的供电效率与供电质量，延长机电系统的使用寿命，大大降低高速公路机电设备运营维护成本。

3. 智慧监控

(1) 智慧高速公路监控基础数据平台

大数据、人工智能、云计算、车路协同等新一代信息技术的进步，加速了智慧高速公路发展。"智慧大脑"是智慧高速公路建设的核心内容，其本质是数据从离散到集中、从独立孤岛到融会贯通的演进过程。监控基础数据平台是"智慧大脑"的数据分析与研判平台，为路网监测数据应用及业务管理提供数据服务、应用支撑与决策支持。平台主要功能包括：整合数据资源，实现路网综合管理相关数据的采集汇聚、清洗加工、分析挖掘、融合应用等；基于人工智能、机器学习等大数据支撑技术，高度自主地分析路网综合管理数据，探寻路网综合管理的敏感点、热点、风险点，提供数据、服务、应用等层面的数据服务开放能力；基于深度融合云计算和大数据技术，为使用者构建数据资源快速使用通道，让上层系统及用户更方便、更直接地使用各种数据资源、数据服务、数据工具，进一步挖掘数据价值；形成交通运行状态的实时监测、态势评估和路网管理数据，形成实时精准的公众出行服务信息，形成自动化事件监测与预警以及应急指挥调度信息。

(2) 监控基础设施的服役状态数字化监测

① 基础设施服役状态数字化监测与智慧管理

通过公路基础设施状态感知系统，实现对公路主体基础设施规划、设计、建设、养护、运行管理等全生命周期的数字化监测和智慧管理，满足对重要桥梁、隧道、路基路面、边坡等基础设施进行实时监测、分析。

② 机电设施运行状态数字化监测与智慧管理

通过物联网传感器、5G通信等技术，实现机电设施（包括传统机电和智慧高速机电设施）从选型、安调、运行、保养、维修、改造、更新直到报废的全寿命周期数字化在线监测、潜在故障早期识别、故障自动报警等功能。

③ 信息系统数字化运维

通过人工智能等技术手段实现业务系统、共性服务平台与基础数据平台的基础指标、日志数据、告警数据、网络数据、数据库数据等多维数据汇集，通过对数据进行分析运算，实现信息系统故障自动判断和故障提前预警。综合考虑人力分布、故障内容、故障地点等多维度因素，设计智能调度算法模型，自动推送相关工单信息至最佳运维人选，实现运维资源的科学分配和高效使用。

(3) 智慧能源管理系统

智慧能源管理系统的构成包括硬件系统和软件系统两部分。其中，软件系统包括应用数据库、数据采集程序、数据传输程序、数据处理程序以及应用程序模块等；硬件系统是分布式系统，分布在各站点、公路监测点等能耗设备监测现场，主要包括电力能耗监测系统的数据采集器、电力能耗监测盒和能耗数据汇聚盒以及传输装置，能源监测系统的逆变箱数据采集模块和传输装置，车辆油耗监测系统和排放监测系统的监测装置，以及数据中心的数据服务器、分析服务器、显示设备。

5 城市更新背景下老旧小区改造

5.1 城镇老旧小区改造的历程、背景与意义

5.1.1 城镇老旧小区改造的历程

我国城镇老旧小区改造历程大致可划分为三大阶段：2017年之前，各地探索为主的阶段；2017—2020年，全国层面试点探索阶段；2020年至今，城镇老旧小区改造全面推进阶段。在不同阶段，城镇老旧小区的定义、内涵以及城镇老旧小区改造的内容和特点各有不同。

1. 2017年之前的改造工作概况

2017年之前，城镇老旧小区改造还处于各地探索为主的阶段。如上海市在90年代末就开展了旧住房成套改造工程、"平改坡"工程、"变频供水"改造等；北京市早些年开展了既有住宅建筑节能改造工作，也称作"暖房子"工程，2012年还出台了《北京市老旧小区综合整治工作实施意见》；广州市2009年开始进行针对"旧城镇、旧厂房、旧村庄"的三旧改造，并于2016年在全国率先开展老旧小区微改造工作；杭州市自2000年起先后实施了背街小巷整治、庭院改善、危旧房改善、老旧小区"微改造"等工程。

这一阶段的城镇老旧小区改造多被涵盖在其他相关工程项目中，或者被囊括在"旧城改造"的大系统之中，如三旧改造、背街小巷整治、海绵城市改造、地下综合管廊改造、雪亮工程、暖房子工程等，参与部门较为单一，改造内容以建筑本体修缮、基础设施提升为主，关注物质空间改善，工程思维较重。国家层面对于老旧小区的界定、改造范围、改造内容等方面还没有明确的界定。在2007年建设部发布的《关于开展旧住宅区整治改造的指导意见》（建住房〔2007〕109号）中，旧住宅区是指"房屋年久失修、配套设施缺损、环境脏乱差的住宅区"，改造内容包括"环境综合整治、房屋维修养护、配套设施完善、建筑节能及供热采暖设施改造"。另外，各地改造工作差异较大，一些发达地区已经开展了多轮改造，改造标准较高，而一些地区仍未展开改造或者改造标准很低。

2. 2017年三部委改造试点工作概况

2017年年底，住房城乡建设部下发了《关于推进老旧小区改造试点工作的通知》（建城函〔2017〕322号），在厦门、广州等15个城市启动了城镇老旧小区改造试点。截至2018年12月，试点城市共改造老旧小区106个，惠及5.9万户居民，探索出了一系列可推广、可复制的经验。从试点及各地反馈的情况看，城镇老旧小区改造涉及面广，是一项系统工程。但存在三大关键课题：一是，建立多元化融资机制，加大改造资

金筹集力度；二是，地方加强统筹协调，强化基层组织建设，发动小区居民通过协商达成共识，积极参与老旧小区改造；三是，在改造中因势利导，同步确定小区管理模式、管理规约及居民议事规则，同步建立小区后续管理机制。

在此基础上，2019年，住房城乡建设部、国家发展改革委、财政部三部委联合印发了《关于做好2019年老旧小区改造工作的通知》（建办城函〔2019〕243号），全面推进城镇老旧小区改造工作。通知指出，"老旧小区应为城市、县城（城关镇）建成于2000年以前、公共设施落后影响居民基本生活、居民改造意愿强烈的住宅小区"。该通知强调了四个方面的工作：一是摸排全国城镇老旧小区基本情况；二是指导地方因地制宜提出当地城镇老旧小区改造的内容和标准；三是部署各地自下而上，既尽力而为，又量力而行，合理确定2019年改造计划；四是推动地方创新改造方式和资金筹措机制等。按照"业主主体、社区主导、政府引领、各方支持"的方式统筹推进，采取"居民出一点、社会支持一点、财政补助一点"等多渠道筹集改造资金。

3. 2019年国务院常务会议后工作推进

2019年6月19日，国务院常务会议部署推进城镇老旧小区改造工作，城镇老旧小区改造工作被提升到新的高度。会议认为，加快改造城镇老旧小区，群众愿望强烈，是重大民生工程和发展工程。目前全国需改造的城镇老旧小区涉及居民上亿人，量大面广，情况各异，任务繁重。会议对改造对象范围、改造内容、组织机制、投融资渠道提出要求。尤其强调要发展社区养老、托幼、医疗、助餐、保洁等服务，带动供给侧改革，促进消费，拉动投资。老旧小区改造不仅是物质空间改善，还需要植入各类服务，构建基层治理体系，追求社会、经济综合效益，需要多部门参与完成的综合改造。

2020年7月，《国务院办公厅关于全面推进城镇老旧小区改造工作的指导意见》（国办发〔2020〕23号）发布，明确了老旧小区的内涵、改造原则、改造内容、组织实施机制、资金共担机制、配套政策以及组织保障，并提出工作目标：到2022年，基本形成城镇老旧小区改造制度框架、政策体系和工作机制；到"十四五"期末，结合各地实际，力争基本完成2000年年底前建成的需改造城镇老旧小区改造任务。

2023年7月，住房城乡建设部等部门印发《关于扎实推进2023年城镇老旧小区改造工作的通知》（建办城〔2023〕26号）（以下简称《通知》），部署各地扎实推进城镇老旧小区改造计划实施，靠前谋划2024年改造计划。

《通知》要求，扎实抓好"楼道革命""环境革命""管理革命"等3个重点。依据体检结果和居民意愿，"一小区一对策"合理确定改造内容、改造方案和建设标准，切实解决群众反映强烈的难点、堵点、痛点问题。加快更新改造老化和有隐患的燃气、供水、供热、排水、供电、通信等管线管道。大力推进养老、托育、助餐、家政、便民市场、邮政快递末端综合服务站等社区专项服务设施改造建设。积极引导有条件的小区引入专业化物业服务企业。加强"一老一小"等适老化及适儿化改造。结合改造因地制宜推进小区活动场地、绿地、道路等公共空间和配套设施的适老化、适儿化改造，加强老旧小区无障碍环境建设。

《通知》还提出，合理安排2024年城镇老旧小区改造计划。大力改造提升建成年代较早、失养失修失管、设施短板明显、居民改造意愿强烈的住宅小区（含单栋住宅楼），重点改造2000年年底前建成需改造的城镇老旧小区。鼓励合理拓展改造实施单元，根据推进相邻小区及周边地区联动改造需要，在确保可如期完成2000年年底前建成需改造老旧小区改造任务的前提下，可结合地方财政承受能力将建成于2000年年底后、2005年年底前的住宅小区纳入改造范围。

5.1.2 城镇老旧小区改造的背景

1. 老旧小区改造是城市更新工作的重要部分

根据国家统计局数据，2023年年末，我国的常住人口城镇化率已达66.16%，城市建设的重点已经转为对城市建成区的改造提质。同时，我国城市正处于城市病高发期，治理城市问题、推动城市转型发展将成为现阶段城市工作的重点。随着新建住宅大量建设和棚改计划的实施，老旧小区已成为城市内部居住环境较差的区域，居民居住"获得感"较弱。街老、院老、房老、设施老、生活环境差，是老旧小区常见的"四老一差"困局。城镇老旧小区改造是城市更新工作的一个重要切入点，有助于推动城市发展方式转型，缓解城市病。

国际上城市发展呈现出的普遍规律是当城镇化发展进入第二拐点（城镇化率达到50%以后），城市将进入以存量更新为主的时代，通过治理城市问题，尤其是居住问题，推动城市转型发展。例如新加坡早期通过组屋建设满足基本居住需求，之后居民改善型需求日益凸显，从1990年开始通过电梯升级计划、中期翻修计划等一系列更新计划对社区进行提升维护。第二次世界大战后日本在城市及近郊供给了大量住宅，此后随着经济发展以及生活水平的提高，从1980年开始居住环境提升和防灾成为其住区规划建设重心，2000年后随着少子高龄化社会的到来，通过更新改造来活化老旧住区成为重点。

城镇老旧小区改造是重大民生工程和发展工程，对满足人民群众美好生活需要、推动惠民生扩内需、推进城市更新和开发建设方式转型、促进经济高质量发展具有十分重要的意义。

2. 从"零星改建"到"规模更新"的量变提升

改革开放之初，我国的旧城改造重点是弥补城市基本生活设施的欠账，开发用地主要为集体所有的耕地、工业用地等，集中表现为零星的"旧城区改建"，由于经验不足，一些改建缺乏完备的城市规划体系，改造方式较为粗放。随着《中华人民共和国城市规划法》《城市规划条例》的发布，对各项工作提供了具体指导。1998年，国家深入推进住房分配货币化改革，随着单位福利分房的"时代"正式退出，房地产市场得到了快速发展，城市更新的规模明显增加。进入21世纪后，随着城市规模、人口的扩张，"大城市病"日益展现，"有机更新理论"为解决上述问题提供了理论支撑。2009年，随着棚户区改造工作的全面推进，出现了违章建筑拆除难、用地资源匮乏、遗留问题较多等问题，为此，国家出台了相应的改造指导意见，旨在通过加强资金统筹、优化土地供应、健全社会监督等措施，计划用5年实现棚户区"清零"。2020年，随着国务院关于老旧小区改造指导意见的印发，指出我国需要改造的老旧小区数量、涉及人口、工程总量极其庞大，为此进一步明确了改造制度框架、政策体系，明确了改不改、改什么、怎么改、谁出钱、如何改、如何管等具体问题，进一步优化了改造制度框架、政策体系，提出了今后一段时间明确的目标任务，即要在"十四五"期末，基本完成2000年年底前建成的老旧小区改造任务。所以从量上来看，我国逐步告别"零星改建"，正在依托"老旧小区改造"等重点工作，逐步演进到"规模化更新"的新阶段。

3. 从"大拆大建"到"存量提升"的质变跨越

随着城镇化的快速推进，无论是房地产业快速扩张，还是棚户区的大规模改造，一些"大拆大建"现象在很多城市屡见不鲜，从而致使一些城市的用地供给矛盾愈发突出，粗放、低效利用建设用地的问题成为与城市更新背道而驰的"创伤"。为修复城市更新的"撕裂之痛"，老旧小区改造作为对现有小区维修改善、美化提升的"存量提升"有效手段，越来越受到中央和地方政府高度关注。特别是"有机更新理论"提出的"小区建筑与规划也是人为参与的有机更新"为老旧小区改造提供了理论支持。从国家层面来看，2021年，《中华人民共和国国民经济和社会发展第十四个五年规划和2035年远景目标纲要》进一步明确提出了改造提升老旧小区、老旧厂区等存量片区功能与品质的重要性，提出了精细化、集约化等具体要求，对引导政府、社会推动城市更新从"大拆大建"到"精细绣花"提供了政策指导，意味着城市更新"大拆大建"模式已经不适宜当下经济社会的需求。

从地方政府来看，2015年上海市出台的《上海市城市更新实施办法》，立足"有机更新"相关概念，强调城市更新要杜绝"手术式"大规模干预，要兼顾文化人脉、社会治理、绿色生态等要素并进，实现城市的"自我治愈"。2021年重庆市出台了《重庆市城市更新管理办法》，明确了"三转、三改"城市更新工作模式，强调通过优化土地、资金等要素配置，将城市建设的重点逐步转向存量改造。为此，以老旧小区改造为重点的城市更新，必须深入关注"存量提升"这一重点，将服务配套、产业发展、社会治理等元素都熔铸于"一个大盘子"进行统筹谋划、深入实施，也是当前和今后我国制定和实施城市更新政策的指导与方向。所以从本质上看，我国逐步告别"大拆大建"模式，向"存量提升"大步迈进。

5.1.3 城镇老旧小区改造的意义

老旧小区改造的意义体现在以下三个层面。

第一，城镇老旧小区改造能够实现"惠民生、拉投资、促消费"的目标。城镇老旧小区改造能够提升人民居住水平，改善生活，惠及民生。同时，改造可带动相关服务业和制造业发展，如建材产业、电梯产业、生活服务相关产业都得到带动。在改造后，居民拥有更高的意愿去装修、购置新家具家电，能够促进居民消费，刺激经济增长。

第二，城镇老旧小区改造是提升城市品质、促进城市发展转型的有利切口，是我国城市由外延扩张型发展转向内涵提升型发展的重要切入点，推进其从增量时代走向存量时代。老旧小区是一个个小的城市单元，老旧小区的改造能够促进城市品质的提升，同时，通过改造而非大拆大建的方式提升城市品质，彰显了新的发展理念，摒弃了粗放的扩张式发展。

第三，城镇老旧小区改造是提升城市基层社会治理能力的一项重要抓手。城镇老旧小区改造工作与老百姓密切相关，很多工作是群众工作，需要运用"共同缔造"的理念和方法，有利于实现基层共治，形成共建共治共享的社会治理体系。

5.2 老旧小区改造推动城市形态提升

5.2.1 城市形态及其相关概念

1. 城市形态

形态最初英文为"Forma",意指女士美丽的面容。文艺复兴时期,"Forma"演化为"form"一词,其现代含义才正式出现:即形状、形式、结构、组织以及关系体系,这些含义也暗示将城市比作美丽女士的古代含义并未丢失,而且在科技高度发达的今天依然存在。形态学最初用于研究植物的形状、生长与内在结构关系的生物学研究。20世纪20年代被人文地理学引入城市领域,城市形态学才被正式提出,最初起源于德国,之后在欧洲逐步发展。

城市形态学是关于城市形态的科学,是将形态学的分析思路应用于当前研究城市复杂问题的科学。基于形态学的本质,它将城市视作有机体,研究其内在结构和发展演化机制,并根据城市历史、社会、环境、文化等因素分析城市形态历史演进、结构的继承变异关系。不同的学者对"城市形态"的定义有所不同:马勒·亚历山大(Maller Alexander)认为城市形态主要通过小街道(巷)、道路、街区地块等物质实体而体现;凯文·林奇(Kevin Lynch)认为城市形态是"城市中大型、静态的、永久性实物的空间格局",更详细地讲,汉迪(Handy)指出城市形态是重复元素的集合,体现出与土地利用格局、空间组织和土地利用相关的混合特征。齐康指出城市形态是作为有机体的城市在其发展进程中内部与外部相互作用斗争而体现的形态特征;武进将城市形态认为是一种空间系统,这种系统由形态要素的结构以及相互关系、建成区外部轮廓等共同构成;熊国平指出城市形态是探析城市内部结构、外部形态及两者相互关系等在各种活动影响作用下的演化现象;谷凯认为城市形态是分析各种城市活动如何影响城市建成区地域空间环境演化的一门学科;陈潇玮认为城市形态是建成区物质实体的空间构成,包含物质和社会形态两个方面,是城市结构和功能的综合;王新生认为城市形态是形态要素的空间布局与配置方式,也是城市实体要素空间形状、城市所蕴含的文化特色以及与城市物质空间演化的整体表现,从而实现以与众不同的方式揭示城市的历史发展路径与脉络;王宁认为城市形态是城市物质实体在一定地域空间的投影,是自然与人文要素共同影响城市动态发展的结果。

这些定义无不体现出城市形态由空间和社会模式所构成,然而不同的研究带有主观性,没有绝对理性和确定的定义。虽然城市形态不易定义,但是从城市系统结构组成要素分析,它本质上是土地利用方式、交通网络和自然要素在空间地域的组合,这一点是毋庸置疑的。在肯定上述定义的基础上,本书认为城市形态是表象的,是城市物质空间实体要素在地域空间的形态表现,是城市各类活动空间作用的结果,不同时期的城市形态是当时政治、经济、文化等社会要素的实体空间表现。

需要指出的是,从空间尺度上分析,城市形态包含三类层次:第一类为宏观层次的城市群形态;第二类为城市空间足迹,即中观层次的城市外部轮廓形状,可认为是城市建成区的平面形式(也包含城市的立面),也可认为是外部形态;第三类为微观层次的城市建成区内部建筑、道路网络等所构成的分区形态，可认为是内部形态。从学科研究对象来说，第一类是地理学科学者关注的层次；第二、三类是城乡规划学科学者关注的层次，这也是本书研究其可持续性的形态层次。

2. 形态更新

老旧小区自建设之初其形态就不断发生变化，这种变化常表现在新形态与旧形态的交替上，"形态更新"这一概念是以城市形态的过程视角，关注老旧小区形态在"从过去到未来"这一时间序列上的变化。对老旧小区的形态更新的研究是为了使老旧小区形态在未来城市更新中的提升。

为避免混淆，在此有必要对"城市更新"及"形态更新"两个概念的关系做说明。就城市更新的具体对象而言，包括对城市中旧住区、旧厂房、城中村等，形态更新是对城市更新具体对象整体形态格局的认知与管理，其中形态格局是指特定区域中包括道路系统、地块布局、建筑布局、密度、建筑及土地利用、建筑类型等形态要素综合形成的城市空间特征的具体表达。因而形态更新属于城市更新的范畴，且偏重于物质空间领域的更新，由于形态自身及其形成过程都包含着非物质因素的影响，形态更新也不仅仅讨论物质空间领域。从老旧小区形态更新与城市更新的关系来说，形态更新是城市更新的重要部分，其更关注老旧小区在城市更新进程中有关形态方面的更新，并且城市更新的成果很大程度上会体现在其形态的更新上。

3. 形态区域

"形态区域"的提出是基于地理学中区域的思想，它是由城市景观三种构成要素复合叠加形成，标识出形态明显不同其他部分的区域。形态区域具有层级的边界划分方式，反映了物质形态在历史进程中的结构特征。形态区域化的思考方式为形态的控制做出基础，从而可以驱动规划的需要。

4. 形态时期

城市的景观在每个时期会具有其不同于其他时期的物质遗存，其不同会表现在平面格局与建筑类型中，这样的时期被定义为形态时期。形态在时间上的延续，使得形态时期的界限有时并不清晰，但物质遗存在下一时期会随着社会环境的需求而演变。

5. 形态要素

形态要素是指包括街道、地块、建筑基底、建筑类型、土地利用在内的城市形态的构成要素。

5.2.2 形态要素在城市更新中常见问题及原因

对形态更新问题的梳理要通过更新实践、现状的充分认知才能得出。通过文献的查阅并结合一些老旧小区更新实践，老旧小区目前在形态更新中主要存在以下问题。

1. 街道层面问题

（1）道路不通畅

老旧小区内道路不通畅的情况主要有两种情况：①部分小区内部由于过去加建建筑时未能进行系统的规划，使局部道路较不规整，部分加建建筑阻碍了建筑之间的道路。②部分小区在临主次干道的一侧设置围墙，为了方便交通，居民在长围墙上打出门洞以联系内外。

(2) 停车问题

通过老旧小区改造，区域内自行车及电动车的停放已得到解决，机动车停放还没有系统性的解决方式。少部分小区场地空间较大，安排了集中停车的区域，多数小区车辆多停在小区内部道路两侧，有时停车会占据人行道及公共活动空间，从而造成公共空间的拥挤。总体上，老旧小区停车位置较无序，停车问题还未从区域整体进行系统性考虑。

2. 地块层面问题

老旧小区内常见同一地块之内或不同地块之间以围墙进行阻隔。部分地块属于非独立宗地，地块内存在两个及以上的产权单位，即使每个产权单位的建筑占地面积较小，但在其之间常常设置围墙，以至于相互之间的联系较不方便，往往需要借助地块外部的主次干道进行联系。部分居住片区地块划分形状较不规整，在地块交接处常设围墙阻隔，这样使道路中断的位置较突然，建筑基底布局也较不协调。总体上，大型不可穿越街区造成交通的不便、封闭小区使各级道路之间的连通性较差。

3. 建筑及土地利用层面问题

(1) 存量建筑未充分利用

在老旧小区改造过程中，部分存量建筑通过协商被改造为蔬菜店、早餐店、物业管理等便民服务设施。它们多是20世纪起居民产权单位搭建的一层砌块结构房屋，之前用作车棚或私人使用。仍有较多存量空间存在利用价值，但由于产权及资金等问题未得到有效利用。

(2) 沿街建筑底层待改造利用

居住建筑沿街底层做商业用途是多数居住区的选择，不仅能营造较完整的沿街立面，还能方便居民生活，带动社区经济。早期建设的小区多为周边式布局，沿街的建筑大多有较延续的立面，但在初建时未考虑沿街底层楼的商用价值。在城市更新中，部分靠近道路的建筑依照原先布局被拆重建并增加了底层商业功能，部分未拆的建筑进行底层商用改造，但仍然存在较多未能商用改造，但有商用需求的建筑。

(3) 公共活动空间品质待提升

老旧小区内许多居民在该片区生活了几十年，片区已经形成了比较稳定的社会网络，居民之间的日常交往比较频繁。在日常生活中常能看见居民聚在小区内或街边进行交谈、下棋、打牌、健身等活动，区域内的有较浓的生活气息。与之相比公共活动空间较少，部分现有的公共空间品质有待提升，公共空间有待进行无障碍设计；此外，较缺乏从规划上依照不同服务半径统筹设置空间尺度不同的公共活动空间。

在老旧小区改造中，部分小区在内部主要道路旁改造并增加了供居民健身、休憩交谈的空间，仍有较多小区公共活动空间未得到提升。部分新增的公共空间由于选择的位置不适宜，因而使用率较低，因此，公共活动空间的设计要更紧密结合居民日常活动的特点及位置，提升公共活动空间品质。

(4) 绿化景观不足

总体上，由于绿地景观系统在初建之时的重视度较低，老旧小区内绿化景观的面积较少且品质较低。按照中原区生活圈居住区的划分，老旧小区正好是一个15min生活圈。参考《城市居住区规划设计标准》（GB 50180—2018）内对旧居住区绿地的相关规定：15min生活圈居住区人均绿地不少于$1.4m^2$的标准，虽然在老旧小区改造中增加部分绿化面积并对部分现有绿化景观进行提升，但对照标准，大部分老旧小区内绿地面积还远达不到。此外，影响区域绿化景观品质的原因主要有两个：

① 大部分小区硬质地面居多，近1/3的小区内绿地的植物配比较单一；

② 由于区域内的绿化景观长期较缺乏有效的养护，原有的绿地景观观赏性较差。

(5) 公共服务设施问题

按照15min生活圈居住区的标准，虽然老旧小区的教育、文化、医疗、商业、社会福利、交通等公共设施在长久的生活中得到不断完善，数量基本满足要求，市政基础设施也在老旧小区改造中得到一定程度的改善，但仍然存在一些问题：首先，设施分布不均匀，有些区域过密，有些区域则较疏；其次，虽然满足15min生活圈居住区的总体要求，但在10min、5min尺度上相应尺度的部分设施有所缺乏，比如社区层级的养老设施较缺乏；最后，在道路的通达性不佳、人口老龄比重较大的情况下，目前划分的15min生活圈范围可能有待商榷。

4. 建筑类型层面问题

(1) 旧城改造中的历史建筑拆除

历史建筑及其形成的街区记录了历史的痕迹，街区的格局中继承着城市的记忆与文脉，老旧小区内许多具有鲜明时代特色的街区在过往大拆大建式的城市更新中已经被成片拆除改造。

(2) 立面改造中存在的问题

老旧小区内立面改造中主要存在三个方面的问题：

① 立面改造忽略了不同区域建筑的独特性，大量建筑在立面铺设保温板后，未考虑不同区域的特殊性，采取同样的立面再设计方式，以至于不同小区同类型的改造立面效果一致。

② 不同年代的建筑用统一的立面改造样式也忽略了不同年代建筑的独特性。此外，部分建筑在改造中墙面未铺设保温板，在立面上用不同颜色的漆区分了砖与混凝土，同样的方式处理建于20世纪60~80年代的红砖楼，一定程度上使得建筑的时代信息被遗失。

③ 立面改造过于注重沿街面，在资金有限的情况下，为使得沿街的建筑有较好的立面效果，部分区域的建筑仅对同一建筑沿街的一侧进行立面处理，面对居民楼的另外一侧则不做处理，或是做较之沿街面更为简单的处理，使得同一栋建筑两侧改造效果不一致。

老旧小区内的老旧居民楼虽然不同于历史建筑，但作为城市的生活居住建筑也具有其特殊性。因而在改造中虽然不能要求历史建筑改造原真性等标准，但也需要依据其形态的特点及其周边的关系进行适宜改造。

5. 原因分析

老旧小区内的形态更新问题主要来源于两个方面：形态生成初始阶段存在的问题以及形态在更新演化过程中形成的问题，原因分析如下。

1) 形态生成初始阶段存在的问题

老旧小区在初始阶段的规划及建造对其后期整体形态存在着基础性的影响。具体来说包括以下三部分因素。

(1) 巨型街区

在 20 世纪的城市的总体规划中，住区尺度相对较大；新城区在规划之初路网密度低，街区尺度较大。此外，从 20 世纪 50 年代起"工厂＋居住"的建设模式在部分城市被快速复制，这些因素使得当时的新城区有大量巨型街区。

老旧小区内的街区在规划之初平均边长均超过 400m，虽然部分街区在后期规划建设中被再次分割，但按照我国部分城市街区建设导则（如《成都市"小街区规制"建设技术导则》）及专家所建议的健康城市街区边长 150～250m 的标准，老旧小区街区尺度偏大。这对道路的通达性、建筑的利用方式、街区活力等都造成了一定的影响。

(2) 单位大院

"单位"是 20 世纪在我国计划经济下形成的生产经营和社会管理组织，在城市中行使着行政和社会等方面的职能，承载着单位工作、住房及相应的服务设施功能的单位大院也构成了城市的基本空间单元。作为独具特色的城市空间，单位大院具有静态、封闭、均衡、同质的城市空间结构，其最为显著的特征是围绕着大院的高墙，围墙在清楚标识社会空间的同时也界定了物理空间。

单位大院在我国城市发展的特定时期发挥过积极的作用，其内部也具有较稳定的社会空间网络，但其封闭整体形态对城市的发展也有着不利的影响，以老旧小区为例，其缺点主要体现在两个方面：封闭的形态削弱了其与街区之间的关系，削弱了城市整体的活力，对后期城市道路的通达性、地块的合理划分及建筑及土地利用等方面都有不利的影响；单位大院这一同时作为城市物理空间与社会空间单元的实体具有极强的领域性，在同一地块上的不同单位之间往往以围墙相隔形成互不相通的单元，从而对地块形成较强的割裂，对步行交通较不友好，也不利于服务设施的共享。

(3) 封闭小区

封闭小区指的是限制进入的居住小区，通常以围墙或栅栏为界，以防止非该小区的居民进入。封闭小区广泛存在于城市及郊区，并且封闭小区不仅是中国的特例，封闭小区早在 20 世纪 80 年代出现在美国并蔓延至其他国家，但其在各国的发展随着不同国家的政治、文化、经济也各有不同。对我国而言，封闭小区是市场经济转型时期城市空间生产的产物，房地产开发建设早期是按照"谁开发，谁配套"的方式进行，地产商建设地块内所规定的道路、休闲、停车等共有设施的费用会分摊给住户，小区为保障住户的权益进行封闭。封闭小区在一定程度上确实能保障住户权益，也会为小区提供相对安全的环境，但其缺点也显而易见。

对于老旧小区而言，封闭小区不仅割裂了城市道路格局，也使得公共配套设施的不充分使用，从而也间接地造成土地及资源的浪费。从社会层面来看会在一定程度上加剧居住的分异。

2) 形态在更新演化过程中形成的问题

影响老旧小区形态更新有关的制度主要包括经济制度、住房制度、产权制度以及城市更新的规划机制。接下来，主要讲一下产权制度和城市更新制度。

(1) 产权制度

计划经济时期，私房在城市住房中所占的比例极小。由于全民所有的产权没有具体的所有者，政府成为全民产权的代理者且在城市更新中承受着巨大财政补贴压力，这种情况中，借助"市场之手"进行大规模更新往往成为政府最佳选择，因而也就出现了大拆大建的更新方式。如郑州市政府在2008年发布的《郑州市旧城改造暂行办法》中，在对单位直管房的更新中提到：满足改造条件的单位用房，按照"以房改带危改、以危改促房改"的思路，由原产权单位负责组织改造。以这种方式进行的改造多以地产开发为主要方式，改造所追求的也多是经济目标。总体上，产权的不明晰对城市更新具有较强的制约性，旧居住区土地与房屋产权的模糊常在改造中形成利益纠纷，且不利于房屋市场交易，种种原因也使得居民缺乏对房屋自行更新的动力。

（2）城市更新制度

城市更新能够有序地进行需要有多元主导的城市规划，也需要有完善的政策体系支持并使之有效执行，还需要长效的更新资金筹措机制使得更新能持续进行。而单一主导的城市规划、不配对的更新改造政策、资金来源渠道单一等问题则会对老旧小区形态更新带来负面影响。

① 单一主导的城市规划

无论是政府还是市场单方面主导的城市更新在实际操作中都有其弊病，前者以上海里弄（上海方言中对于胡同的称呼）改造为代表，后者以广州骑楼改造为代表。20世纪90年代上海提出"365危棚简屋"计划，为吸引开发商的参与，尽快完成改造目标，城市规划的指标、控制及执行让步于开发商意愿，使得城市传统风貌遭到破坏。其自上而下的改造具有较强指令性，政府力求在较短时间内更新有成效，缺乏对市场深入调研，因而在改造规模、土地投放中都缺乏把控。同样，广州市20世纪90年代的旧城改造主要以市场主导的房地产开发模式展开，小面积、高强度的开发造成旧城空间形态的无序与混乱，高层、高密度的住宅也使得公共服务质量难以保障，从而引发新的问题。

在单一主导的城市更新中很难保障城市规划的公共属性，规划编制中改造范围等主要由市有关部门规定，规划部门决策空间有限；虽然规划中包含着对土地利用、城市风貌等方面的考虑，但由于其无法满足多元化社会需求，使得规划蓝图往往难以实现。早先展开旧城更新的城市在实践探索中也不断总结经验。以广州为例，在其城市更新中进一步完善了公众参与规划的可操作性。为更好实现这一点，需将城市更新充分纳入城市规划的体系中，并完善城市更新规划体系，制定好城市更新配套设施规划并探索能使社会主体深度参与式的更新规划模式。

② 不配对的更新改造政策体系

老旧小区更新改造政策体系存在的问题主要包括改造标准不高、深度不足，以及在规划管理、标准规范、政策工具、商业模式等方面尚未形成系统性匹配。建筑原设计规范与现行设计规范存在较大的差异，更新改造过程中规范如何执行仍有探讨空间。只有建立完善且配对的政策体系、为改造提供标准化的实施规范、简化明晰各项审批流程，才能持续不断地促进城市更新有序进行。

③ 资金来源渠道单一

由于地产开发导向的更新不存在改造资金筹措的困难，在此先不予讨论。对于渐进式的城市更新（如老旧小区改造）来说，仅凭借政府资金补贴很难进行持续更新。

老旧小区目前的住区更新多依赖于政府财政支持，但政府提供的改造资金也是有限的。虽然政府希望提升社会资本的参与比例，但由于一方面，老旧小区项目利润低，以商业运营、停车费收取、物业费等方式收回改造成本的周期较长；另一方面老旧小区改造的法治化参与路径还不通畅、金融支撑体系还不完备；这些原因都使得社会资本注入不足。因而老旧小区的存量资源没能充分调动利用，相应的公共服务设施建设也有待提升。

基数庞大的老旧小区对更新资金的需求很大，从财政税收的角度看，税收一定时，仅依靠财政的支持，老旧小区改造将在一定程度上必然会牺牲其他公共服务的支出，因而很难持续。这意味着，旧城更新的资金非常需要除财政之外的资金支持。

5.2.3 老旧小区改造的形态要素变化

1. 旧城改造模式下形态要素变化

旧城改造模式下的旧居住区多采用拆除重建式的更新，老旧小区在旧城改造模式下形态产生了较大的变化，主要包括平面格局、土地利用和建筑类型。

（1）平面格局

在旧城改造模式下的更新中，虽然大量建筑被置换或拆除，但多数新建的建筑仍然处于原有建筑位置，道路的整体格局变化较小；在地块方面，由于地产的开发，建筑更新率较高的街区内，地块得以重新细分；高层建筑的增加，使老旧小区"点式"建筑基底布局方式有所增加，多数高层建筑处于街区的边缘，其建筑基底布局对整体区域影响稍小，部分高层建筑处于街区内部，其建筑基底与周边多层之间产生较大差异。

（2）土地利用

在老旧小区改造中，土地的利用方式发生了一些调整，工业用地的大部分被转为居住用地，少部分成为城市绿化用地。除此之外，其他街区多数被改变用地性质的土地多转为商业用地。

（3）建筑类型

在更新改造中，新建建筑中高层建筑占较大比例，这对老旧小区的整体形态产生较大影响。

2. 老旧小区改造模式下形态要素变化

（1）平面格局变化

老旧小区改造对平面格局的更新较小。首先，对道路的更新总体上仅限于对原有路面修缮，并确保同一产权单位内消防车道的通畅，总体上没有改变原先的道路格局；其次，建筑基底的变化主要体现在对一楼部分占用公共空间的违章建筑进行拆除（主要是靠近道路一侧的违建），老旧小区改造目前较少会涉及地块方面的改变。

（2）土地及建筑利用

目前，老旧小区的改造还未涉及城市规划层面土地性质的变化，但在微观的层面上部分土地的利用方式确实发生了变化。在改造过程中，老旧小区内原先闲置或低效利用的土地被重新利用，改造为小型运动场、室外综合健身场、公共交往空间、小型绿化空间、自行车及电动车的停车棚等。此外，部分原先小区内居民或单位搭建的一层车棚等建筑被重新利用改造为社区服务用房及社区内部的商业服务用房。

(3) 建筑类型

在改造中，建筑类型的变化主要体现在建筑的外立面上。其处理方式主要包括两种：外墙面贴保温材料后进行涂料粉刷，建于20世纪的居民楼在初建时多无外墙保温处理，改造中部分原为红砖建造的60～90年代的居民在铺设保温层后，部分立面进行重新设计粉刷，部分沿街立面的墙面粉刷仿照原建筑砖墙纹式样设计；外墙面未铺设保温材料直接进行涂料粉刷。

5.2.4 老旧小区改造推动城市形态提升的目标

1. 老旧小区更新"社会经济—历史文化—空间环境"多元目标

我国城市更新是在城镇化背景下利用经济、社会、政策方面的综合手段，解决城市发展过程中三个层面问题的有利方式是：对城市空间物质性的老化、基础设施的不完备、城市功能的结构性衰退等问题的改善与解决；对城市在转型过程中新涌现的土地空间资源缺乏、产业升级、城市功能提升等方面问题的应对；对伴随经济社会快速发展而来的传统人文环境、历史文化环境的继承和保护。因而城市更新应该设定针对社会经济、历史文化、空间环境等多元目标。

(1) 社会经济目标

促进社会和谐及有活力地发展、提升经济是旧住区更新中要实现的重要目标，对于旧住区而言，社会经济目标的实现需要关注以下几部分。

① 防止居住空间分异。旧居住区中的老旧小区和新开发的小区以各种形式的围墙进行区隔，一方面虽然为小区的居民提供相对安全、安静的环境，但另一方面其不利于小区内外环境的良性互动，一定程度上强化了阶层的分异。

② 社会网络保护。社会网络本质上是一种社会关系，是旧住区重要的隐形环境特征。其形成需要物质环境的保障及服务设施作支撑，稳定的社会网络对于社会整体的和谐至关重要。在部分大拆大建式的城市更新中会导致社会网络的破坏。

③ 适老化。老旧小区的居住群体中老年人占较大的比重，在城市更新中需要考虑老年群体生活的便利性。适老化更新一般包括两部分：养老服务设施健全（其中包括生活、医疗、照看、娱乐等）、居住环境的无障碍处理（包括公共空间的无障碍处理、加装电梯等）。

④ 经济的提升。旧居住区活力的衰退往往与经济活力不足有关。在更新中土地的重新开发会带动经济发展，但其开发利用应该立足于社区以后的长远发展，而不是建立于少数人或市场的短期利益上。以第三产业为主的社区经济能将与社区中各类经济角色统筹并合成统一的利益共同体，从而在更大的层面上促进资源得以优化配置、片区经济得以发展。

(2) 历史文化目标

历史文化的传承发展是城市更新中又一重要目标。文化自身不仅能作为引导城市发展的价值，其本身又是城市发展的资源；城市每个时期的遗存都作为城市的历史记忆见证城市的成长脉络，历史赋予城市独特性。历史文化目标的实现需要关注以下两点。

① 文脉的延续。虽然多数老旧小区并不是历史文化街区，但其见证了城市的发展，

这里居住着一代又一代的本地居民和许多从各地前来生活定居的老一辈，他们见证了时代的变迁及几代人的成长，城市的记忆已存于各时期的历史建筑以及居住区的整体格局之中，因而具有重要的历史、文化、情感价值。在城市更新中需要注重对旧居住区的整体格局、历史风貌的保护性发展。

② 场所感提升。人在特定环境中某种经历使得其对场所形成的感觉结构被称为场所感，其包含了场所本身具有的特征及人对场所的情感归属与认同。老旧小区承载了居民的生活、日常交往及居民与环境之间的感情联系，区域内存在具有场所精神的空间。在城市更新中需对具有场所感的空间进行保护性提升，也可以通过打造良好的环境来营造场所感。具体而言，场所感包括了人对城市形态中路径、边界、区域、节点、标志五类要素的意向与感知，通过打造生活性街道、可识别性的节点空间等来提升场所感。

（3）空间环境目标

空间环境品质的提升是城市更新中最直接的目标，社会经济及历史文化目标的实现往往通过空间环境品质的综合提升得以体现。可从空间环境构成及其优化等方面提升其品质，具体标准参考《城市居住区规划设计标准》（GB 50180—2018）中有关住区更新的相应标准（表 5.1）及"生活圈居住区"对公共设施配套的要求（图 5.1）。

表 5.1 《城市居住区规划设计标准》（GB 50180—2018）中旧改内容

基本规定	旧区可遵循规划匹配、建设补缺、综合达标、逐步完善的原则进行改造
设施配建	旧区改建项目应根据所在居住区各级配套设施的承载能力合理确定居住人口规模与住宅建筑容量；当不匹配时，应增补相应的配套设施或对应控制住宅建筑增量
绿地	公共绿地：当旧区改建确实无法满足新区建设的标准时，可采取多点分布以及立体绿化等方式改善居住环境，但人均公共绿地面积不应低于相应控制指标的 70%； 居住街坊绿地：新区建设不应低于 0.5m²/人，旧区改建不应低于 0.35m²/人
道路	居住区应采取"小街区、密路网"的交通组织方式，路网密度不应小于 8km/km²；城市道路间距不应超过 300m，宜为 150～250m，并应与居住街坊的布局相结合；旧区改建，应保留和利用有历史文化价值的街道、延续原有的城市肌理
居住环境	既有居住区对生活环境进行的改造与更新，应包括无障碍设施建设、绿色节能改造、配套设施完善、市政管网更新、机动车停车优化、居住环境品质提升等

总的来看，空间环境目标的实现大致需要满足以下几点。

① 道路。旧居住区道路更新不仅是对道路路面的更新，还应该关注动态交通组织（道路的通达性、便利性）与静态停车方式。

② 绿地景观。结合空间环境的景观设计增加旧居住区不同尺度的绿地空间，与此同时，可通过增加植物多样性提升旧住区现有的绿地质量。结合城市设计系统的布置绿地不仅具有物质景观的功用，也有其社会功能，能为社会交往提供场所。

③ 公共服务设施。对旧居住区公共设施的配套可依照"生活圈"的相应标准，"生活圈"突出了在合适的步行时间内满足居民相应的生活服务需求的理念，有助于核验旧居住区设施承载力及设施服务覆盖情况，从而有助于逐步改善。

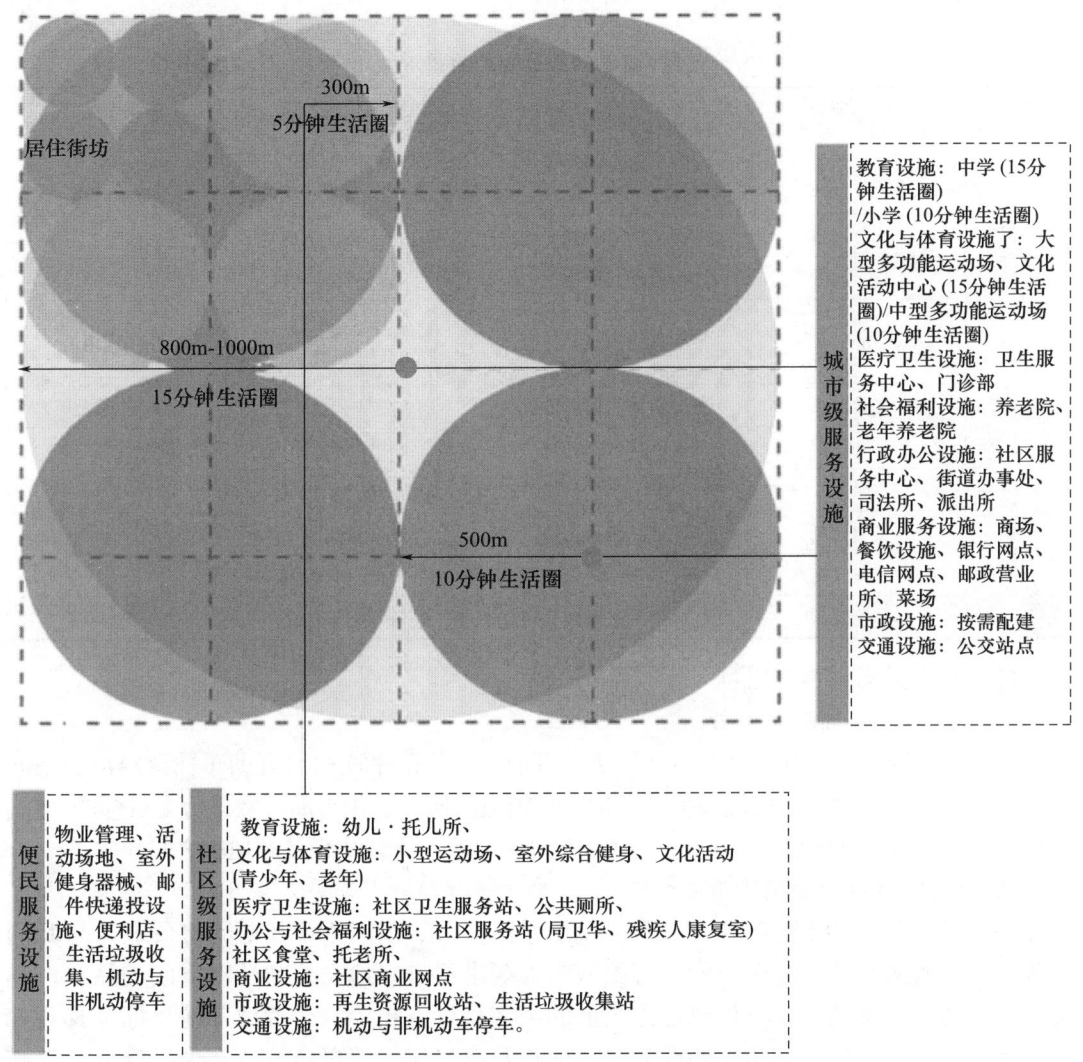

图 5.1 生活圈居住区公共设施配套的要求

④ 绿色低碳。绿色可持续发展是城市健康发展的必然选择，《中华人民共和国国民经济和社会发展第十四个五年规划和 2035 年远景目标纲要》提出：实施城市更新行动，推动城市生态修复和功能完善工程。因而，在城市更新中应该将绿色低碳、生态可持续发展作为城市更新的重要目标。其内涵不仅是建筑、生态环境、海绵城市等单项环节的绿色生态措施，还包括系统性的节能低碳规划及资源的集约利用等方面。

2. 老旧小区形态更新目标

(1) 旧住区更新多元目标与形态要素关系构建

以城市更新的多元目标为基准，对照城市形态基本要素，归纳平面格局、土地及建筑利用、建筑类型三种基本的形态要素在城市更新多元目标中有更为具体的要求。需要说明的是，城市更新目标不仅仅要通过形态更新实现，制度、管理的更新对于城市更新目标的实现至关重要，本节仅探讨形态要素在城市更新中的更新要求。表 5.2 归纳出旧住区更新在形态更新中需要考虑到的具体内容，这些要求将为梳理老旧小区形态更新中的问题做参考。

表 5.2 形态要素更新要求

目标	目标细分	平面格局	建筑及土地利用	建筑类型
社会经济目标	防止居住分异	平面格局的通畅、开放	建筑及土地利用、开发方式	—
	社会网络	平面格局的通畅、开放	公共空间可识别	—
	适老化	道路的通达性	老年服务设施建筑	建筑的无障碍设施
	经济提升	平面格局的通畅、开放	建筑及土地利用、开发方式	建筑风貌提升
文化历史目标	文脉延续	平面格局的保护性优化	—	历史建筑保护
	场所感	生活性街道	公共空间设计	建筑类型的可识别性
文化历史目标	绿化	—	绿地空间规划设计	—
	交通	道路的通达性	存量建筑的利用	—
	公共服务设施水平	平面格局通畅、开放	结合公共空间的景观	—
	绿色低碳	平面格局上系统性考虑	建筑及土地利用	建筑节能考虑

(2) 旧住区形态更新目标

① 平面格局的通畅、开放

通过对照旧住区更新的细分目标，更加开放、通畅的平面格局有助于社会经济及空间环境目标的实现，对平面格局的保护性优化及街道品质的优化有助于文化历史目标的实现。简而言之，平面格局的通畅、开放是指道路系统的通畅、无障碍设计及地块之间开放。

② 创新建筑及土地利用方式

旧住区更新中的土地利用事先要为绿地与公共活动空间留出充足的余地，与此同时，结合场所感营造、绿色节能、海绵城市等要求提升绿地及公共活动空间的品质；其次，土地利用开发及方式不仅要考虑当前的经济目标，还要综合考虑其他目标及其对片区长远的影响。建筑的利用主要是通过新建筑及存量建筑的更新改造，为提升公共设施服务提供空间。

③ 保护建筑类型的多样性

旧住区更新中与建筑类型有关的主要有三个方面：对历史建筑进行的保护和保护性利用；建筑风貌提升、增强建筑可识别性，充分挖掘建筑原有特点；增强建筑无障碍性及节能性。

5.3 城镇老旧小区改造面临的困境及脱困思路

5.3.1 城镇老旧小区改造面临的困境

1. 法律法规滞后导致改造进展缓慢

法律法规滞后，特别是目前的规划法阻滞了城镇老旧小区改造进程。尽管近年来各地分别实施了城镇老旧小区改造，但总体而言缺乏专门的围绕城镇老旧小区改造的法律和法规，某些改造项目甚至同现行的法律法规之间存在冲突。例如，城镇老旧小区改造必然需要一定区域内的容积率调整、楼间距减小、绿化方案变更等，尤其是很多老旧小区原本就不符合现行的相关规划要求和法律法规有关住宅用地要求，如果城镇老旧小区改造项目设计方案按照现行的法律法规的标准，项目不可能通过规划部门和相关管理部门的审核和批准，城镇老旧小区改造项目实施面临重重困难，举步维艰。

2. 产权复杂、利益难协调拖延改造进程

房屋产权性质复杂，具体包括：单位自建房、集资房、房改房、统建解困房和直管公房、商品房，从而造成城镇老旧小区改造建筑主体既有业主委员会自主开展，或公共产权单位负责、政府部门负责开展，也有通过第三方代建单位负责实施的多元化建设主体，从而导致建筑责任主体不明确、责任主体多样化，以及监督管理体系不明确，管理机制不健全、监督管理机制混乱，后续维护和运营缺乏长远的制度安排和规划。多元化利益主体诉求差异大，协调难度大，拖延了城镇老旧小区改造进程。

3. 政府资金为主，缺乏社会资金介入

城镇老旧小区改造虽是造福于民，有提高居民生活质量，拉动经济增长等政策效果，但存在情况复杂，工作难度大，制约因素多，改造资金缺口大等现实问题。

城镇老旧小区基本上是以低租金福利性住房为主，由于当时的经济、技术、体制等方面因素，住宅建设标准较低，住宅的功能、性能、环境、设施及工程质量等不能满足全面建成小康社会的要求。从全国范围来看，老旧居住小区大多建设年代较早，维修修缮欠账多，且未建立专项住房维修基金或已建立的维修基金尚不能满足改造更新的巨大需求。

目前，城镇老旧小区改造以政府投资为主，能惠及民生，然而，缺乏社会资金进入，不易带动社会投资和个人消费，影响了新经济增长点的形成。

5.3.2 应对城镇老旧小区改造困境的思路

1. 完善法律法规，明确政府职责

一是，制定新的促进城镇老旧小区改造的法律，或者根据城镇老旧小区改造的需要，修改《中华人民共和国物权法》（以下简称《特权法》）、《中华人民共和国建筑法》《中华人民共和国城乡规划法》等法律的部分条款。

二是，制定适合城镇老旧小区改造的新法规和规章制度。由于立法和修改法律需要较长的时间，为了切实推进城镇老旧小区改造，可以制定新法规和规章制度。如新法规明确规定：按照准公共利益原则，城镇老旧小区改造项目只要达到《物权法》规定的居民两个 2/3 同意，政府部门必须受理该改造项目材料并审批立项，给予开工证，明确该项目审批人不适用于终身责任追究制的范围。反之，拒绝受理该改造项目材料或拖延审批立项、迟迟不予开工证的，要对审批部门及审批人员追究推诿扯皮之责。又如，为更妥善地协调老旧小区不同楼层居民的利益，新规章制度规定：在加装电梯费用方面，小区的一层住户不出钱，加电梯的费用由二层以上住户依照楼层不同按系数分摊（二楼系数最低、顶层系数最高），二层以上住户使用电梯卡刷卡乘梯；限制高层业主在电梯加装后的一定年限内不能转租、转售房屋；优化电梯设计，采用低噪声电梯和透明材料的电梯井，显著降低电梯运行噪声，减少对低层住户采光的影响。

三是，中央政府制定老旧小区改造专项规划。对老旧小区进行存量土地和区内空间资源梳理的基础上，制定优化老旧小区改造的土地和空间的专项规划；在保证安全的前提下，结合居民实际需求确定小区改造内容，并根据改造内容确定该小区所需增加的面积；新增加的面积视为不影响楼间距和采光标准。

四是，制定新的老旧小区的规章制度。新规章制度明确：对于楼宇居民达到两个2/3同意、符合物权法项目通过政府部门审批后，仍有楼内居民不同意该项目，不支付增加的套内面积的费用和部分安装电梯费用的，在此项目工程完工后，该住户不得使用新增面积房间和加装电梯，由愿意支付费用的其他楼层居民使用新增面积房间和电梯。

2. 制订符合城镇老旧小区改造的规范和标准

制订符合城镇老旧小区改造的技术规范和行业标准，明确城镇老旧小区改造需要按照一类建筑标准执行，保障城镇老旧小区改造工程的安全和质量。

由住房城乡建设部门牵头，在试点的基础上，制定城镇老旧小区改造的技术导则（指南）；对城镇老旧小区改造相关的适用技术加快制定新技术标准，让节能高效低成本的新材料、新技术进入市场。

3. 坚持基本原则

城镇老旧小区改造的基本原则：坚持以人为本，把握改造重点；坚持因地制宜，做到精准施策；坚持居民自愿，调动各方参与；坚持保护优先，注重历史传承；坚持建管并重，加强长效管理。

尤其要坚持以人为本，在城镇老旧小区改造时加装平层入户电梯。一是电梯平层入户，实现居家养老，能很好地解决悬空老人的垂直交通问题，独生子女父母中如果有一个人行动不便，另一个也能推着轮椅下楼，减轻独生子女家庭负担，让这些独生子女更好地为建设现代强国而努力工作。二是电梯平层入户能够促进户内装修及家具家饰更新，增加居民消费。三是有利于协调小区不同楼层居民的利益，就电梯平层入户而言，一楼住户增加了套内房间，该房间的面积与二楼以上住户进入防盗门后的连环廊面积相当，适当调节了一楼与其他楼层居民的利益，有利于改造的老旧小区居民共建共享，弱化了低层居民对房屋相对贬值的担忧。四是方便老弱残幼轻松出行，有效地促进小区楼宇中居民消费，特别是有钱又有闲的老人消费，发展"银发"经济。

4. 深化行政体制改革，实行"一门审批"

城镇老旧小区改造涉及社会居民、城市发展、基层政府管理的方方面面，是一项复杂的系统工程，政府必须深化行政体制改革，优化行政流程，探索适应存量房改造的一套运营和管理模式。"一门审批"，可以高效、便捷地推动城镇老旧小区改造项目的快速有序推进。在探索城镇老旧小区改造试点的基础上，为切实推进国家行政管理体制改革试验试点工作的扎实推进工作，可以探索针对既有建筑综合改造设立专门的行政管理部门。

5. 政府扶持，引入社会资金，市场化改造

城镇老旧小区改造涉及范围广，需要改造内容项目多，改造所需的资金量大，特别对于小区基础市政配套改造、小区服务配套改造，单靠某一方出资都不能满足改造资金

的需求，政府、居民、产权单位应该根据实际情况按照"政府补贴、居民主导、产权单位分担"的原则，实行责任分担。城镇老旧小区改造，最终受益的是居民，改善了居民居住环境，提高了居民生活品质，按照"谁受益、谁出资"的原则，正确引导居民、产权单位积极主动参与小区改造提升，多方筹集资金。对于设计房屋主体改造、小区内部环境改造、小区加装电梯等根据居民改造的意愿应由居民出资为主。

城镇老旧小区改造的资金来源来自三个方面，一是居民自筹，二是社会资本进入，三是政府奖励补贴。政府应通过建立市场机制来培育老旧小区百姓的市场观念，即政府花钱买机制，百姓花钱买服务。要让广大居民懂得，房屋的产权已经多元化，作为产权人要承担维修养护责任。成立业主委员会等自治组织，对老旧住宅小区整治完的后续管理实施监督，才能真正维护自身的利益，落实长效管理的机制。同时，要使广大街道、社区干部让居民懂得老旧住宅小区的维修养护及其他管理服务也应从过去的政府行为转变为市场行为，要转变政府职能，逐步转换角色，积极主动地做好退位和补位工作，把老旧住宅小区整治完的后续的管理工作让位于社会化、市场化、专业化的物业管理，并加强监督管理。

推进城镇老旧小区改造的筹资方式为：居民出一点、政府补一点和社会筹一点。居民出一点，即按照谁使用谁享受谁付费的原则，个人出一点；政府补一点，即按照政府提供公共产品和服务的原则，政府补贴资金，特别是中央财政投入资金，主要用于小区水、电、气、热、通信等管网和设备及小区节能环保改造等公共设施改造；社会筹一点，即用市场化方式吸引社会力量参与，创新投融资机制，以可持续方式加大金融对老旧小区改造的支持。

6. 试点与典型项目引路

建设城镇老旧小区改造示范区，以点带面促进城镇老旧小区加固节能宜居改造。城镇老旧小区改造是一项新兴事业，也是一项民生工程，为了避免城镇老旧小区改造中可能出现的失误和损失，应该积极开展城镇老旧小区改造及加装平层入户电梯示范区，完善城镇老旧小区改造的运行和运作机制，建立起切实可行，可广泛复制和操作的城镇老旧小区改造模式。

5.4 城市更新中老旧小区的结构形态与改造策略

城市更新改造是一个复杂的过程，更新策略的制定受到多种因素的支配和制约。因此，城市更新的类型模式选择不能仅从单纯的经济效果出发，将问题简单化，而应深入了解社会、经济、文化和空间等多种因素的影响，在充分考虑旧城区的原有城市空间结构和原有社会网络及其衰退根源的基础上，针对各地区的个性特点和功能需求，因地制宜，因势利导，运用多种途径和多种手段进行综合治理和更新改造。

老旧小区的整治与更新是城市更新的重要内容。一般来说，随着时间的推移和岁月的流逝，老旧小区的住宅和设施常常会超过其使用年限，变得结构破损、腐朽，设施陈旧、简陋，无法再行使用。而且由于历史的诸多原因，还存在人口密度高、市政公用设施落后、道路狭窄和用地混乱等严重问题。与此同时，作为老旧小区，因历史悠久，多保留着大量的名胜古迹和传统建筑，维持着千丝万缕的社群网络，呈现出复杂的空间结构形态。因此，只有在对老旧小区的结构形态进行科学的分类与评价的基础上，才能有针对性地对老旧小区的真实状况做出正确诊断，进而制定出适宜的更新改造策略。

5.4.1 老旧小区的结构形态

完整的老旧小区结构形态包括物质结构形态和社会结构形态两方面。老旧小区结构形态差异的根本成因在于其背景因素的不同和变化，而形成机制则是将结构形态及其背景联结在一起的纽带，是从原因到结果的催化剂。根据老旧小区结构形态形成机制的不同，可将老旧小区分为有机构成型、自然衍生型和混合生长型。

1. 有机构成型

物质结构形态特征上，有机构成型老旧小区是以"目标取向"作为结构形态的形成机制，其目标取向的依据主要为型制、礼俗、观念、规范和规划等。传统居住区历经里坊制、坊巷制等型制，直至近现代在西方居住区规划理论影响下产生的居住街坊、邻里单位和居住小区，其演化过程反映了社会政治、经济、生活方式等方面的变革和进展。虽然不同的历史阶段有不同结构形态的具体表现，但由于它们以目标取向作为形成机制，因而有一些共同的结构形态特征，表现出系统稳定性、目标性和自我协调性等特征。

在社会结构形态特征上，有机构成型居住区主要包含同质性和明显的社会网络的特点。聚落形成之初，居民在不同的方面呈现"同质性"（等级、职业、血缘、祖籍、宗教等），人们总是倾向与特征相近的人交往。因而，虽经过社会经济的发展和政治文化的变迁，居住人群的同质性却大体上保留下来。此外，有机构成型的居住区还往往有比较明显的社会网络，居民们之间的熟识程度较高，居民的归属感较强，比较容易形成共同的社会生活，为公共活动提供组织和心理上的可能性。

2. 自然衍生型

在物质结构形态特征上，自然衍生型老旧小区的形成没有明确的目标，而是通过自然生长力和自发调节力不断协调的过程取向达成的，从而具有自然、随机的特点。自然衍生型老旧小区的形成大致有两种情况：一种是原来属于城郊或乡村的自然形成聚落，因城市范围的扩大而被同化；另一种是老城区内的外来人口聚集地，位于城市外围区域或重要性相对较低的地区，在城市的强制力之外自然发展。此类居住区中，人们总是顺应正常的生理需要，依自己的经济能力去建造，在空间组织上有一定的序列性和层次性，他们常常注意公共交往空间的营建。但其环境质量差，建筑破损现象十分严重，甚至没有起码的基础设施和公共服务设施，而且用地功能性质混杂。

在社会结构形态特征上，依据选择目的不同，居民按类型产生了分区。如南京在《首都计划》中将居住区分为四等：一等为官僚等上层阶级住宅区，二等为一般公务人员住宅区，三等为距市区远而偏僻的市郊及下关的棚户区，四等则为原封不动保留的旧住宅区。其中三、四等中的大部分属于自然衍生型老旧小区，在这一类老旧小区居住的居民有共同的生活背景、相关的利益和相同的观念意识，因而有内在的凝聚力。但由于此类老旧小区生活环境条件差，拥挤的居住条件使人们尽力占领公共空间，居民非自愿地进行日常交往，并产生矛盾和摩擦，表现出人际关系复杂矛盾的一面。

3. 混合生长型

在物质结构特征上，混合生长型老旧小区是比较复杂的一种类型。其结构形态不是由目标取向或过程取向单独作用，而是由两种机制共同作用形成的。根据两种机制对混合生长型老旧小区结构形态影响作用的时间先后和范围的不同，可将它们分为时段性和地域性两种。

"时段性"类型主要指目标取向和过程取向两种机制常常不是同时作用，而是以其中一种为主，当居住区所处的环境背景变化后，原先的机制被另一种代替，继续发挥作用，而原先机制作用的结果却在一定程度上被保存下来。这样，居住区结构形态在某些方面表现出这一种特征，在另一些方面又表现出另一种特征，呈现复杂多元的趋向和特征。如北京槐柏树危房区，它地处皇城西南角，历史上是清末八旗兵营，主要建筑兵营式布置，后变为居住区，经当地居民在原有基础上加建东西厢房，逐渐形成适于居住的四合院，而居住区的总体布局却仍保持兵营式整齐方正的格局特点。

"地域性"类型主要指当两种机制的更替发生在居住区的局部地域时，居住区结构形态则形成地域性混合。混合型老旧小区是最常见的一种类型，也是最复杂的一种类型，其复杂性表现在结构形态的各方面。

在社会结构形态特征上，在不同机制作用下，由于居民来源不一，聚居心态和聚居方式均不相同，而且各自的职业、文化水准、心理素质以及生活目标和价值观念也不尽相同。此外，由于此类居住区内居住环境质量差别很大，不同环境内居住生活所面临的主要问题也不一样。居住环境质量较好的地区内，主要问题在于如何满足文化、娱乐和社会交往等高层面的需求；而居住环境质量较差的地段内，主要问题还停留在如何满足人的基本生理需求这样的较低层次上。由于差异悬殊，不同层次的居民很难打破实际的和心理的界限进行交往，或者以次属关系为基础进行人际交往。

5.4.2 老旧小区的改造策略

从某种意义上说，老旧小区是一个涵盖了历史与现实双重意义的概念。老旧小区改造是在更新发展的前提下，对老旧小区结构形态进行的基于原有社会、物质框架基础的整合，保持和完善其中不断形成的合理成分，同时引进新的机制和功能，把旧质改造为新质。通过这样的改造，使得老旧小区在整体上能够适应并支持现代的生活需求。

目前对老旧小区的更新改造多侧重于其物质结构形态方面，很少考虑其社会结构形态方面。实际上，老旧小区社会结构形态也存在更新改造的需求，有时甚至比物质结构形态的改造更为迫切。正确的改造应满足从物质结构形态和社会结构形态两方面对老旧小区做全面分析和评价，在此基础上，去除和整治老旧小区结构形态中不合理的和与现代城市生活不相适应的部分，对老旧小区结构形态中合理的良性成分则可采取保留、恢复和完善等方式。

1. 有机构成型老旧小区的改造策略

有机构成型老旧小区通常位于城市中心区域且保存得较为完好，较少混杂其他性质的城市功能，整体上具有有机、统一的特点，形成城市及区域的特色，成为当地历史、文化、民俗等的现实体现。保存较好的老旧小区，有文化性的观瞻价值和较好的使用价值，经过因地制宜的改造整治，可作为富有特色的城市形态和功能在现代生活中继续发挥作用，应视其必要性和可能性，有选择、有重点地进行保护，对整个区则普遍采取加强维护和进行维修的整治办法，对既无文化价值又无使用价值的危房区，可推倒重建。此外，有机构成型老旧小区中和谐的人际关系和富有凝聚力的社会网络，既是源于其稳定、有机的物质结构形态所创造的空间氛围，也来源于居民整体的同质。保存原有的空间氛围和保存居民的同质性，对于维护良好的社会网络都是必不可少的。

2. 自然衍生型老旧小区的改造策略

自然衍生型老旧小区在结构形态上表现出自然、随机的特征，其物质结构形态的总体状况较差，住宅年久失修或原本就是非永久性的棚户，基础设施不全，居住条件较为恶劣。对此类老旧小区的改造，不能只以居住品质来决定，而应考虑其综合价值。其社会结构形态特征表现为社会组织是有一定内聚力的矛盾整体，在整体上有一定的保存价值，但需解决其中的矛盾性，使其更为有机、和谐。近年来随着城市用地紧缺，越来越多的城市开始进行存量开发，传统大拆大建的城市更新往往会产生城市开发强度陡增、拆迁赔偿成本巨大、排斥外来人口等负面作用，衍生出新的社会问题，导致这一类型老旧小区改造举步维艰，各地在政策条件允许下进行了一系列的改造模式的探索。

3. 混合生长型老旧小区的改造策略

混合生长型老旧小区结构形态在三类老旧小区中最为复杂，物质结构形态差异大，布局和使用功能混乱，社会结构形态极为复杂、松散。而且此类老旧小区在城市中分布最广，因而改造难度也较大，简单地重建、整建或维护难以从根本上解决其存在的问题。

时段性混合区结构形态与自然衍生型老旧小区较为类似，原则上可以采取与自然衍生型老旧小区类似的改造方式。而地域性混合区情况则不同，它在同一居住区域里混杂着两种形成机制或目标完全不同的居住类型，对它的改造不应是针对其中某一种类型，而应根据其不同的老化程度和面临的主要问题，分别采取不同的改造策略。

对于这一地区内出现早期枯萎迹象，但区内建筑和各项设施还基本完好的地段，只需要加强维护和进行维修，以阻止更进一步的恶化；对于存在部分建筑质量低劣、结构破损，以及设施短缺的地段，则需要通过填空补齐进行局部整治，使各项设施逐步配套完善；对于出现大片建筑老化、结构严重破损、设施简陋的地段，并且该地段的社会结构形态呈现复杂松散的状态，期待以单纯的改造来解决问题极不现实，对其改造需要与社会规划结合起来，通过土地清理，进行大面积的拆除重建，在改造中创造有利于交往和公共活动的空间与环境氛围，加强居住区基层组织的作用，将文化素质和价值观念相近的人相聚在一起，重新建构良性的社会网络和人际关系，以提高社区凝聚力和集体感。

5.5 佛山市城镇老旧小区的更新改造

5.5.1 佛山市老旧小区改造背景

新型城镇化，是指坚持以人为本，以新型工业化为动力，以统筹兼顾为原则，推动城市现代化、城市集群化、城市生态化、农村城镇化，全面提升城镇化质量和水平，走科学发展、集约高效、功能完善、环境友好、社会和谐、个性鲜明、城乡一体、大中小城市和小城镇协调发展的城镇化。新型城镇化的"新"就是要由过去片面注重追求城市规模扩大、空间扩张，改为以提升城市的文化、公共服务等为中心，真正使城镇成为具有较高品质的宜居之所。

到2015年，我国广东省佛山市城乡建设总用地规模已经占到了市域总面积的37%，高于珠江三角洲城市27%的平均水平，达到了宜居城市建设的环境容量极限，依靠增加新增建设用地面积的外延式发展难以为继，缺少发展用地成为佛山市经济社会发展的主要瓶颈。

2015年，佛山市编制《佛山市新型城镇化规划（2014—2020）》，结合"有序推进人口市民化、优化城镇化空间布局与形态、提升城镇可持续发展能力、提升城镇化管理与现代化治理水平、改革完善城镇化发展体制机制、空间政策与行动计划、规划实施保障"七大方面内容，提出"三旧（旧城镇、旧厂房、旧村庄）"改造在优化城镇空间布局和形态、提升城镇可持续发展能力、创新"三旧"改造与城市更新机制等方面提出相关措施建议。老旧小区的更新改造是佛山市"三旧"改造的重点内容之一，是解决用地资源瓶颈、实现可持续发展、促进新型城镇化建设的必由之路。

5.5.2 佛山市老旧小区改造方案

1. 改造工作目标、定位和职责分工

（1）改造工作目标

2020年，佛山市为响应住房城乡建设部"缔造幸福生活、改善人居环境"的号召，大力改善老旧小区基础，努力实现老旧小区居住现代化，由佛山市住房和城乡建设局牵头制定了《"宜居佛山共同缔造"行动指南和技术指引》《"一社一策"编制指引》等制度规范性文件，拉开了佛山市老旧小区"共同缔造"的序幕。

改造工作以基础类改造项目（道路修缮、市政管线改造、安防设置等）为依托，保障居民日常生活、居住条件和居住安全，确保所有老旧小区居民能一起享受"高质量发展"所带来的好处。在基础类改造项目已经完成的基础上，再对老旧小区的服务配套设施进一步完善，方便居民日常生活、改善生活需要。同时，改造工作深入发掘老旧小区中的历史文化要素，将其与历史文化要素进行有机融合，以"一社一景"为目标，重塑老旧小区活力与特色，打造特点鲜明、内涵丰富的小区风貌。最后，再对小区做整体提升，增强社区便民服务，建立社区服务网络，努力实现老旧小区现代化治理，建设具有岭南特色的宜居社区。

（2）改造工作定位

当前，佛山市城镇老旧小区改造的工作定位是打造品质小区、塑造魅力小区、缔造智慧开放小区。

打造品质小区的核心是建筑本体改造和基础设施改造，这些改造项目直接影响小区居民居住感受，对居民生活影响最大，尤其是基础设施、基础设备不齐的老旧小区。基础设施改造应做到应改尽改，尤其是小区适老化改造，例如改造无障碍通道、加装电梯等，还要着重推进改造质量精准化防治，稳步推进"宜居家园"建设，提升改造品质。

塑造魅力小区的关键是文化特色元素的注入。具有历史文化韵味的老旧小区可着重在塑造魅力小区上下功夫。独特的历史文化是老旧小区最宝贵的财富，能为老旧小区注入灵魂活力，提高居民的认同感和获得感。佛山是广府文化的核心区域，舞狮、剪纸、龙舟、武术等都是老旧小区改造可借助的文化元素，可以结合当地文化特色打造特色街巷，发展文化旅游，也可以改造现有历史建筑，将其打造成展览馆、文化馆、博物馆等公共服务空间。这样做一方面可以让老旧小区更加富有生机，另一方面可以宣传弘扬当地传统文化。

打造智慧开放小区则主要体现在三个方面：

① 通过物联化、大数据等高科技手段，将智能防控和传统警务结合起来，织密老旧小区防控网，增强居民们的安全感。

② 加大公共空间改造力度，努力发掘现有空间，将其打造成一个促进交流活动的平台。

③ 社区、业主委员会、物业等积极举办活动，为居民们搭建沟通交流的平台，促进小区和谐稳定、邻里友爱，增强居民们的幸福感。

（3）改造工作职责分工

根据《"宜居佛山共同缔造"行动指南和技术指引》相关内容，佛山市老旧小区改造工作部门职责分工分为市级和区镇两个层级，市级部门主要负责督促指导相关工作开展，区镇部门主要负责改造工作具体实施。

2. 改造原则

佛山市老旧小区改造遵循三项改造原则：统一规划、分类指导、市主统筹、属地实施；按照成片连片推进的原则，以"老旧小区微改造"＋"环境品质提升"的思路谋划项目；遵循"先民生后提升"的原则，把基础设施改造作为出发点，做到应改尽改，再在此基础上进行改造完善，实现社区现代化生活，提升居民生活品质。

3. 改造对象分类

因居住社区的建筑质量，居民的年龄构成、社区设施、社区环境等构成要素存在较大差别，所以改造以 2000 年为分界点，将所有居住社区分为老旧社区（2000 年以前）和新建社区（2000 年以后）。

近建社区居住人群主要为中年群体和随眷（随亲家眷）的老年人，基本能满足居住需求，但仍存在小区设施陈旧、公共空间不足、线路乱搭乱接、居住环境差等问题。老旧社区居住人群主要为本地中老年居民，人居环境难以满足日常生活需要，存在外墙破旧、设备老旧、绿化和公共设施缺乏等问题。

各镇（街道）要结合实际，合理界定改造对象范围，重点改造 2000 年年底前建成的老旧小区。

4. 改造参与主体和实施步骤

（1）参与主体

① 政府。在整个老旧小区改造过程中，政府在对社会资源和公共服务供给方面不仅扮演着分配者的角色，也扮演着领导者的角色。中央政府主要负责顶层设计，在国家层面进行系统谋划、总体部署，制定出台老旧小区"共同缔造"指导意见和法律规定，为各地改造项目提供财政补贴。省人民政府对本省老旧小区改造工作负总责，对各地市

改造工作进行督促指导。市、县（区）、镇（街道）人民政府则负责具体改造工作的实施，落实改造项目的立项审批、招投标、施工建设等工作。

②居民。居民是老旧小区改造的最大受益者，也是重要参与者、监督者。佛山"共同缔造"的核心理念是"以人为本"，以居民的实际需求为导向，通过激发小区居民的积极性，鼓励其提供意见和建议，以达到"共谋、共建、共管、共评、共享"的目的，切实改善人居环境。目前，老旧小区中部分业主联系困难、租户多、老人多，难以参与到改造过程中，不过所有居民的利益诉求大致相同，主要是为提升生活品质、房屋增值保值、降低生活成本。

③物业企业。物业企业是老旧小区改造后的管理方，也是社区公共服务的提供者。当前佛山大多数的老旧小区都属于无人管理的状态，仅靠社区提供的基础公共服务，难以满足居民的各项生活需要，因此，引入物业管理势在必行。对于物业企业而言，进驻老旧小区，要对其进行大量投资，相对而言，盈利空间又较小，所以物业企业具有一定的公益性，并兼具一定的社会责任。

④社区组织。社区组织在现代化基层治理体系中具有十分重要的意义，为居民提供大量的社会公共服务，同时，社区组织贴近群众，能广泛动员社区居民参与社会公共服务和公益事业。社区组织能在老旧小区改造中发挥巨大作用，在"共同缔造"和社区治理过程中，居民可通过这一平台向政府或其他相关方发声，引导其表达自身合理利益诉求。

（2）实施步骤

佛山市老旧小区改造共可分为五个阶段，分别是项目准备阶段、立项、招投标准备阶段、工程施工图设计阶段、施工安装阶段、竣工交付阶段。

5. 改造内容

佛山市老旧小区改造从人民群众最关心最直接最现实的利益问题出发，征求居民意见并合理确定改造内容，主要分为基础类、完善类、提升类3类。基础类要发挥财政资金的主导作用，做到应改尽改；完善类要在尊重居民意愿的前提下，做到宜改即改；提升类要按照政府引导、市场化运作的模式，做到能改则改。

（1）基础类

为满足居民安全需要和基本生活需求的内容，主要是市政配套基础设施改造提升以及小区内建筑物屋面、外墙、楼梯等公共部位维修等。其中，改造提升市政配套基础设施包括改造提升小区内部及与小区联系的供水、排水、供电、弱电、道路、供气、消防、安防、生活垃圾分类、移动通信等基础设施，以及光纤入户、架空线规整（入地）等。

（2）完善类

为满足居民生活便利需要和改善型生活需求的内容，主要是环境及配套设施改造建设、小区内建筑节能改造、有条件的楼栋加装电梯等。其中，改造建设环境及配套设施包括拆除违法建设，整治小区及周边绿化、照明等环境，改造或建设小区及周边适老设施、无障碍设施、停车库（场）、电动自行车及汽车充电设施、智能快件箱、智能信包箱、文化休闲设施、体育健身设施、物业用房等配套设施。

（3）提升类

为丰富社区服务供给、提升居民生活品质、立足小区及周边实际条件积极推进的内容，主要是公共服务设施配套建设及其智慧化改造，包括改造或建设小区及周边的社区综合服务设施、卫生服务站等公共卫生设施、幼儿园等教育设施、周界防护等智能感知设施，以及养老、托育、助餐、家政保洁、便民市场、便利店、邮政快递末端综合服务站等社区专项服务设施。

5.5.3 佛山市老旧小区改造行动

佛山市全面开展"宜居佛山共同缔造"城镇老旧小区改造工作，相继制定出台了一系列便民利民举措。2020—2021年，佛山市实际开工312个老旧小区改造，改造户数超9.6万户、改造楼栋超1.1万栋、改造面积约1100万平方米，连续两年老旧小区改造实际开工小区、户数及面积等均超额完成省下达的任务，在全省排名第一。2022年计划开展191个老旧小区改造，改造户数约4.2万户。"十四五"期间，佛山市计划逐步建立"基础类改造为重点，完善类、提升类改造为补充"的城镇老旧小区改造体系，为市民从"住有所居"向"住有宜居"的目标不懈努力，取得了显著成效，并得到国家部委、省、市等多个上级部门表扬肯定。

1. 强化顶层设计，注重考核督促

2019年9月，佛山市印发《佛山市开展城乡人居环境建设和整治暨美好环境与幸福生活共同缔造行动计划》，成立市"宜居佛山 共同缔造"行动领导小组，并于2021年8月提级管理，由佛山政府主要领导任组长，五区人民政府和市直相关部门为领导小组成员，统筹"共同缔造"行动、城镇老旧小区改造和绿色社区创建工作，各区成立"共同缔造"领导小组，全市形成以市政府统筹协调、区政府和镇街为实施主体、社区党组织为基础，社区居民共同参与的共建、共管工作体系。作为全省城镇老旧小区改造试点城市，佛山市紧紧围绕"我为群众办实事"工作要求，遵循"以人为本、因地制宜、建管并重"的工作准则，发挥党建引领作用，强化顶层设计，在全省率先印发《"宜居佛山 共同缔造"行动指南和技术指引》，规范改造标准和流程。在全省率先开展城镇老旧小区改造工作考评，2021年5月，印发《佛山市城镇老旧小区改造工作考评办法（试行）》，从2021年第一季度起，市"共同缔造"行动领导小组对各区进行季度考核和年度评定，连续两次季度排名末位的区，市政府将对区主要负责人进行约谈，严格监督检查，确保改造成效。

2. 筹措改造资金，强化资金保障

加强财政投入保障。坚持基础类应改尽改，完善类和提升类根据实际需求，能改则改。改造资金由政府、居民和社会力量合理共担，基础类改造由政府资金重点支持，完善类改造部分由居民出资，提升类改造鼓励社会力量参与。

（1）落实各类改造资金

一是，积极争取中央财政资金，2020—2022年财政部共下达佛山市中央财政补助资金35776.7万元；中央预算内投资7679万元。

二是，下发市级配套资金，2020—2021年，共下达资金11400万元。

三是，积极推动各区申请政府专项债工作，通过视频会议的形式组织各区参加培训学习，目前南海区已申请57000亿元专项债，顺德区已申请6000万元专项债。

(2) 多渠道筹措改造资金

老旧小区改造工作仅靠政府财政资金不可持续,必须激发市场活力,吸引社会资本参与到改造中。

一是,整合可用资源,将区域内可开发资源纳入老旧小区改造范围,由市场主体整体策划、政府完善审批流程、简化审批手续,包括存量闲置资源盘活(如闲置空间改造成停车、养老、托幼设施)、整合新增社区资源(如政府闲置资源,或小区内新建、改扩建资源并让渡经营权)、老旧小区低效用地开发整理后腾出的土地产生的经营收益等,吸引社会资金参与老旧小区改造。

二是,落实企业出资,探索"改造＋运营服务"一体化的市场运作模式推进老旧小区改造。建立配套服务有偿使用的市场化机制,鼓励市场化方式,吸引社会力量参与,制定市场化、可持续推进城镇老旧小区改造的政策。

三是,合理确定居民出资,按照"谁受益、谁出资"的原则,合理确定居民出资比例,完善类与提升类改造项目主要由居民出资,居民可通过直接出资、小区内共同受益等方式落实。

3. 多方共同参与,探索"三线(弱电部分)"改造

(1) 共同研究,确定改造模式

2021年4月,佛山市有关部门会同中国移动、中国联通、中国电信和广东广电公司共同研究,探索"三线(弱电部分)"改造。充分发动居民和社会力量参与,按照改造由政府、居民和经营企业合理分担的原则,由四大运营商负责实施并全额出资改造。按照新国标光纤到户的建设模式标准、有线电视网络建设标准进行改造,经验收合格后,市政府给予财政补贴。

(2) 因地制宜,创新建管机制

如果"三线(弱电部分)"改造受改造条件限制不能按照新国标光纤到户建设模式标准进行,改造资金出资比例由实施单位与四大运营商协商解决,原则上由区或镇街出资建设公共路由部分,余下部分由四大运营商出资建设和改造。改造后的资产属四大营运商所有,四大运营商负责日常营运管理维护。

(3) 与时俱进,预留提升空间

该"三线(弱电部分)"改造方案需预留"智慧社区"接入端口,并配合后期计划实施相关工作。截至2022年3月底,"三线(弱电部分)"改造报备统计,第1至9批共141个老旧小区,涉惠及约3.6万户。

4. 引入物业管理,成果更可持续

为了彻底改变老旧小区"一年改、三年坏、五年旧"的恶性循环,佛山市以南海区桂城街道桂一社区老旧小区为试点,不断探索补齐老旧小区改造后配套服务设施短板,成功引入全省首个专业的物业管理公司,探索出一个由"政府管"到"社会管"的新管理模式,让改造成果更可持续,让社区治理工作迈上新台阶。

(1) 先行先试,制定长效治理机制

在推进老旧小区改造工程中,佛山市南海区桂城街道出台《桂城街道老旧小区物业管理长效治理机制》(以下简称《机制》),这是佛山市内针对老旧小区升级改造后管理维护问题的首个"物业管理机制"。

(2) 全体参与，居民投票引入管家

开展物业服务评选评分会，社区党员代表、楼长、管理小组成员等组成的居民代表，对多家有管理服务资质的物业公司展示的服务理念、方案、服务内容等实行公开评审，作出综合评分。社区还结合"我为群众办实事——物业服务大家谈""中秋游园会"等形式，广泛征求业主意见。最终，碧桂园生活服务集团股份有限公司于多方见证下，在前期介入物业服务评选评分会（"8选3"）、在管项目现场考察及评选评分（"3选1"）中均排名第一，获得前期介入物业管理企业资格。

(3) 学法用法，律师团队答疑解惑

为了让《机制》高效运转起来，桂城街道还聘请了北京市盈科（佛山）律师事务所团队参与物业管理和服务活动，在保障居民切身利益的同时，也为物业管理相关主体提供公正、专业的咨询服务。目前，该律师团队已经协助街道下沉到社区，连续两次到小区向楼长宣讲改造和治理方案。在桂一社区开展的老旧小区前期接入物业服务评选评分会议上，围绕着居民关注的物业费拟定标准、公摊水电费分摊、维修资金、车位管理方式、大件垃圾处理等问题，律师也给予了积极回应。

5.5.4 佛山市老旧小区改造经验

广东省佛山市突出问题导向，优化政策供给，加强引导和统筹协调，多渠道筹措老旧小区改造资金，全力做好城镇老旧小区改造资金保障工作。

1. 探索改造模式，做好顶层设计

(1) 加强组织领导，明确职责分工。2019年9月，佛山市印发《佛山市开展城乡人居环境建设和整治暨美好环境与幸福生活共同缔造行动计划》，成立市"宜居佛山 共同缔造"行动领导小组，市主要领导任组长，五区人民政府和市直相关部门为领导小组成员，统筹"共同缔造"行动、城镇老旧小区改造和绿色社区创建工作，各区成立"共同缔造"领导小组。全市形成以市政府统筹协调，区政府和镇街为实施主体，社区党组织为基础，社区居民共同参与的共建、共管工作体系。

(2) 提前规划部署，细化改造任务。制订《佛山市2021—2025年城镇老旧小区改造规划》，明确年度改造任务，合理区分全面改造、微改造和混合改造等改造类型。属于全面改造的，通过"三旧"改造等方式拆旧建新，不纳入老旧小区改造的任务；剩余微改造部分，列为财政重点支持任务，积极申请中央财政补助、中央预算内投资、地方政府专项债以及省级奖补资金等，逐年推进改造。

2. 多渠道筹措改造资金，强化资金保障和管理

(1) 整合资源，吸引社会资本。整合可用资源，将区域内可开发资源纳入老旧小区改造范围，由市场主体整体策划、政府完善审批流程、简化审批手续，通过盘活存量闲置资源（如闲置空间改造成停车、养老、托幼设施）、整合新增社区资源（如政府闲置资源，或小区内新建、改扩建资源并让渡经营权）、老旧小区低效用地开发整理后腾出的土地产生的经营收益等，吸引大型企业作为实施主体连片进行老旧小区改造工作。

(2) 创新改造运营模式。探索"改造＋运营服务"一体化的市场运作模式推进老旧小区改造。建立配套服务有偿使用的市场化机制，鼓励市场化方式，吸引社会力量参与，制定市场化、可持续推进城镇老旧小区改造的政策。如"三线"（弱电部分）整治

工作，由实施改造的区或镇街双向选定一家营运商牵头负责实施，四大营运商全额出资改造，按照新国标光纤到户建设模式标准进行改造并验收合格的，政府给予财政补贴；受改造条件限制而不能按照新国标光纤到户建设模式标准进行改造的，改造资金出资比例由实施单位与四大营运商协商解决，原则上由区或镇街出资建设公共路由部分，剩余资金由营运商负责。

（3）合理确定居民出资。按照"谁受益、谁出资"的原则，合理确定居民出资比例，完善类与提升类改造项目主要由居民出资，居民可通过直接出资、小区内共同受益等方式落实。如高明区组织成立居民业主委员会，牵头老旧小区改造的实施工作，通过对建设停车库（场）的预收费和居民出资等方式，筹措资金进行道路、公园绿化等改造建设。

3. 积极探索谋篇布局，完善资金支撑保障

（1）强化财政投入保障。计划在2022—2025年的三年时间内，在完成基础类保障项目的一般社区，按不少于户均3万元投入老旧小区建设。力争建设一批户均投入不少于5万元的示范社区，打造一批户均投入不少于8万元的精品社区。一般社区建设市级财政配套资金按1万元/户，示范社区建设市级财政配套资金按1.5万元/户，精品社区建设市级财政配套资金按2万元/户，确保资金围绕老旧小区改造提升项目精准使用，提高使用效率和效益。

提高电梯加装补助金，垂直式电梯每梯补贴15万元，市级财政给予每梯5万元的补贴，区和镇（街）共分担每梯不少于10万元的补贴；没有条件加装垂直式电梯的五层（含）以上既有住宅，鼓励加装楼道式电梯，须符合现有相关技术规范要求，每梯补贴7.5万元，市级财政给予每梯2.5万元的补贴，区和镇（街）共分担每梯不少于5万元的补贴。

（2）全面加强各类专项补助资金项目绩效管理。落实资金使用者的绩效主体责任，明确绩效目标，加强执行监控，强化评价结果运用，提高改造专项资金使用效益。为加快推进老旧小区综合改造提升的工作进度，对于每年度验收评比优秀的镇街给予激励金奖励，计划最高激励奖金为200万元。

（3）动员全社会力量参与老旧小区综合改造。完善整治资金共担机制，明确政府、个人和企业的出资边界，基础类以政府投入为主，自选类采用居民付费、社会投资的方式实施，指导各区开展财政承受能力评估工作。计划开展社会资本参与机制试点工作，研究探索社会资本参与老旧小区综合整治的定位、参与方式和投资回报方式。鼓励具备投资、规划设计、改造施工、运营服务能力的民营企业作为投资、实施和运营主体。鼓励市属国有企业参与老旧小区综合整治。

6 宜居城市绿色空间规划与建设

6.1 城市绿色空间规划概述

6.1.1 城市绿色空间的概念

城市空间大致可以分为两部分：城市灰色空间与城市绿色空间。城市灰色空间是指城市建筑以及功能性灰色空间（如道路、停车场等）。城市绿色空间构成城市的绿色基础设施，形成城市的新陈代谢系统，对维护城市的可持续发展发挥着非常重要的作用。

城市绿色空间与建筑物所形成的灰色空间形成鲜明对比。从景观构成来看，城市绿色空间广义上指在城市环境中出现的存在于住宅之外的任何植被空间，为居民提供了相互接触的空间、休闲游憩的机会，为自然界的物种提供了生境，维护了生物多样性。根据 2018 年住房城乡建设部实施的《城市绿地分类标准》（CJJ/T 85—2017），城市绿地被划定为公园绿地、防护绿地、广场用地、附属绿地与区域绿地 5 个大类。李锋等认为，城市绿色空间是由园林绿地、城市森林、立体空间绿化、都市农田和水域湿地等构成的绿色网络系统。孟伟庆等认为，城市绿色空间是城市地区覆盖着生活植物的空间，是城市地区森林、灌丛、绿篱、花坛、草地等植物的总和，其范围包括中心城区及其周围区域。

根据中国城市建设和发展的具体情况，可以认为，城市绿色空间是城市唯一的自然或半自然的土地利用状态，是城市空间结构的基本要素之一。城市绿色空间既可以是公园、廊道和自然保护区等已开发的具体场所，也可以是待人工利用的绿地；此外，城市绿色空间既包含现阶段居民和游客可以进入的开放空间，也包含未来可能可以进入的空间。这一概念秉承动态发展原则，从土地利用的角度，更加紧密地结合城市绿色空间和城市发展，有利于开展研究与实践。

6.1.2 城市绿色空间的特征与分类

城市绿色空间的主要特征包括：位置、大小、规模、功能、所有权属、可进入性、非竞争性和安全性等。其中位置、大小、规模是对城市绿色空间基本特征的描述。位置大体上决定了城市绿色空间的主要表现形式。

结合英国城市绿色空间的有关研究，可按地域将城市绿色空间分为以下 3 类，如表 6.1 所示。这一分类有利于从地理学的视角分析城市绿色空间的空间布局，为绿色空间的规划提供现实的指导。

表 6.1 依地域划分的城市绿色空间的类型

名称	地域空间	定义	表现方式
正式的休闲场所	主要集中于市中心	至少包括 1hm² 的可进入绿色空间，包括正式的公园、花园，可进入休闲场所，可进入城市林地以及其他方便进入的城市自然区域	城市公园
城市边缘绿色空间	主要位于市郊	与城市边缘相邻近的未开发的土地，面积大约为 10hm²	自然保护区、绿色廊道和绿带等
非正式的绿色空间	连接市中心和市郊的城市绿色空间	人为设计的"自然"，以非正式绿色空间的绿地率来测量	行道树、绿带、廊道等

影响城市绿色空间可进入性的因素很多，主要的因素是时间和距离。发展城市绿色空间是为了向大众提供休闲放松的场所，人们不可能在午后或者饭后花费 10min 以上的时间去一个较远的地方散步。

城市绿色空间的非竞争性或可获取性，主要是指对设施的维护、使用以及城市绿色空间的吸引力，不会因为某一个人的使用而影响其他人的使用。在经济学领域可以这样理解：一个人对某种商品的消费，不会影响其他消费者对该种商品的消费。城市绿色空间具有可获取性/非竞争性，是因为植被自身具有修复功能，在没有超越最大承载力的前提下，人们的行为不会对城市绿色空间造成消极影响。但是对于许多发展中国家来讲，经济发展是社会发展的首要任务，对绿色空间的预算、投资、设计、管理和维护等方面缺乏相应的关注，大量游客涌入，导致自然环境遭到破坏，在一定程度上影响了城市绿色空间的可利用性。

从功能角度将城市绿色空间分为生产型、环境型、服务型、保护型、文化型和保留型 6 类。城市绿色空间是由具有光合作用的绿色植被与其周围的光、土、水、气等环境要素共同构成的具有生命支撑、社会服务和环境保护等多重功能的城市地域空间。不同的组成要素和人类活动干扰程度，使城市绿色空间具有不同的外部特征和功能。

从构成要素分类，城市绿色空间可分为自然型、半自然型和人工型 3 类。

自然型是受人类干扰少，自然演替占优势的自然生态区，主要包括：自然保护区，如野生生物栖息地、湿地以及特殊地质景观等；自然保留区，即在城市化中被废弃或忽略而保留下来的具有很高生物多样性的区域，如荒野地、未耕地或工业废弃地等；难开发区，指因自然地理条件限制不宜开发的区域，如陡峭山体、陡坡等。

半自然型是指人类为非生产性目的（如娱乐、休闲、环境保护）改造开发的自然区域，人类干扰活动明显增强，主要包括：郊区公园、风景区、森林公园以及河流、湖泊；绿色廊道（防护林带、河岸林带）以及工业区隔离带。

人工型是指那些人类干扰强烈或需要人为干预才能维持的区域，主要包括：农业用地，如耕地、园地、牧草地与养殖水面等，这类绿地在城市化中很容易被侵占而变为建设用地，失去绿色空间的特征与功能；城市园林绿地，往往与城市建筑相结合，如草坪广场和城市公园。

6.1.3 城市绿地与城市空间结构功能

1. 城市空间结构

城市空间结构是城市地理学的一个重要研究领域。弗雷（Foley）和韦伯（Webber）是试图建构城市空间结构概念框架的早期学者。随着城市化在世界各国的发展，城市空间正在向以立体和平面错综组合的新形式发展，从而大大提高了土地和空间的利用率。

目前，由城市空间结构的研究可知，存在3种典型的结构模式：同心圆结构、扇形结构和多核心结构。不同的结构模式，代表了城市化进程中不同的扩张模式，决定了城市的基本形态，同时也对城市绿色空间的布局与构成产生决定性的影响。城市结构模式与城市绿色空间分布的关系如表6.2所示。

表6.2 城市结构模式与城市绿色空间分布的关系

结构模式	城市绿色空间		
	主要特征	典型城市代表	城市绿色空间分布格局
同心圆结构	由于低收入的社会阶层不断向外扩展，迫使高收入的社会阶层向更为外围的地区迁移，形成了城市内部空间的演替过程	美国芝加哥	市中心城市绿色空间的平均分布率为2.8%，但在郊区这一比例高达54.9%，郊区城市绿色空间主要是公园
扇形结构	社会—经济背景、特征相类似的产业集聚在同一扇形地带	英国伦敦	市中心城市绿色空间的平均分布率达25%，郊区城市绿色空间分布率达63%，城市绿色空间主要由公园（1/3）、私人花园（1/3）及绿带系统（1/3）构成
多核心结构	城市土地利用围绕着若干核心进行空间组织	日本东京	东京市区城市绿色空间的平均分布率达10%左右，郊区则高达63%，主要是小公园以及连接这些小公园的绿道系统

不同的城市空间结构，决定了城市绿色空间的构成类型与布局。近年来，中国学者也开始关注城市空间结构与城市绿色空间结构之间的关系，他们认为：从城市空间结构的环境效益/功能角度分析城市空间结构对城市绿色空间布局的影响，是解决当下城市环境问题的关键；同时，将城市绿色空间规划纳入城市空间规划体系，有利于城市合理、科学、高效、持续地发展，从而有利于整个人类生存环境的可持续发展。

2. 城市绿色空间的功能

随着对城市绿色空间研究的深入，其生态功能得到大众认可，受到居民、企业的追捧。

首先，城市绿色空间可促进房地产业蓬勃发展。绿地和公园等城市绿色空间能够提升居住环境的品质，提高居住的舒适度，增加房产的吸引力。研究表明，靠近绿地和公园的房产转售价格通常更高。这表明，城市绿色空间不仅能够提升当前居民的生活质量，还能在房地产市场上为房产增值。

其次，城市绿色空间在创造旅游收入方面可发挥巨大作用。城市绿色空间有利于提升旅游目的地的形象、营造绿色旅游环境。

最后，绿色空间形成的宜人环境在影响企业选址、为当地创造就业机会、支持发展新兴产业（如旅游业）、增加居民的可支配收入方面也发挥重要作用。

现有研究充分证明城市绿色空间具有益于身心健康、促进社会包容方面的作用。目前，关于城市绿色空间功能的研究，已从结构性研究转向对人类社会福祉的研究，包括运用行为地理学的方法对居民进入和使用城市绿色空间进行研究分析。健康的休闲娱乐方式，如走到户外、享受绿色空间成为行为地理学者关注的焦点。城市内部因子如土壤、气候、水文等基础资源的差异，导致城市绿色空间存在一定程度的非均匀分布，社会经济的发展以及遗留问题进一步加剧了这一现象，剥夺了部分居民进入绿色空间的权利。居民的行为在一定程度上受到城市绿色空间分布、绿色基础设施配置状况的影响。国内外已有的研究成果指出，人口的统计学特征，包括性别、年龄、种族、身体健康状况（如是否残疾）、受教育程度、社会地位、收入状况等都会影响居民对城市绿色空间的认知和动机。但从复杂的社会发展和人的需求来看，如健康和心理需要，行为地理学还急需吸收其他学科的方法和技术手段，来探讨绿色空间在城市发展中的作用。

6.2 宜居城市绿色空间用地规划

6.2.1 功能组织与用地布局

1. 复合功能导向与用地布局响应

用地布局规划的工作范围是中心城区范围内、城市建成区之外的区域。规划期限一般为10~20年。用地布局规划是在结构规划制定的绿色空间管制分区——绿色保护区（生态保育区、景观游憩区、历史文化区、防护隔离区）和农林生产区的基础上进一步组织用地功能至Ⅱ或01级分区（但城镇化转型区和村庄按照城市用地分类标准细化），并将战略政策进一步转化为具体的规划建设措施。

功能组织是用地布局的前提，用地是功能的载体，功能体现用地价值。不同功能代表不同价值取向，功能之间并非截然隔离的，而是在空间上立体交织耦合（难以剥离），功能上相互包含溶解（复合功能），结构上相互关联支撑（不能割裂存在），它们组成了形态丰富、功能复合的绿色空间系统。对人类效用而言，没有哪类功能是基于唯一目标存在的，因此，类似城市建设区，基于单一功能导向的用地布局思路（如居住用地、商业设施、游憩设施等专项规划）不能适应绿色空间的复合功能组织需求。

运用生态整体规划思维，依据"自然生态平衡、经济生态高效、社会生态公平"的原则，在中心城区合理组织"生态、生产、生活"复合功能；针对不同功能，用地布局中采取"保护、引导与控制"差异性的规划措施，确保生态功能得以保障，生产功能得以引导，生活功能得以控制。

2. 用地布局衔接相关专项规划

用地布局规划主要与城市总体规划、土地利用总体规划和相关专项规划衔接。其中，专项规划是指有关绿地系统、河湖水系、历史文化古迹保护、生态保护、综合交通、公共设施、基础设施、综合防灾等与城市空间布局关联度较大的规划，这些专项规划是在城市总体规划的指导下进行的，不得违反总体规划确定的基本原则。

与相关专项规划的衔接体现如表6.3所示。

表6.3 绿色空间用地布局规划和专项规划的衔接

类型	主要规划内容	与之衔接的绿色空间用地布局规划工作内容
城市绿地系统规划	根据城市总体规划，制定各类城市绿地的发展指标，安排城市各类园林绿地建设和市域大环境绿化的空间布局	协调郊区大型公共绿地的建设规模与范围（绿线），如郊野公园、植物园、苗圃基地等
城市水系规划	构建河湖水系网络，确定水体功能，合理分配岸线和引导岸线建设，引导滨水控制建设区布局，明确水体水质保护目标和污染控制体系，协调水系基础工程建设	协调郊区河湖水系规模与范围（蓝线），重点建设项目，如景观湖泊、湿地等
历史文化古迹保护规划	划定"历史城区—名镇名村和传统村落、历史文化街区和历史风貌区—不可移动文物及历史建筑"的保护内容、保护范围，以及协调相邻地段建设风貌和开发行为	遵守紫线范围和建设控制要求
区域公用设施规划	组织和安排区域性道路交通、电力、电信、燃气、给水、排水、环卫等的通道或设施用地	遵守黄线范围和建设控制要求
城市综合防灾规划	划分城镇防灾分区，确定重大危险源和重要建设布局，确定应急保障基础设施、防灾工程设施的布局，确定消防、抗震、防洪、地质灾害防治、重大危险源防御、抗风、地下空间防灾与人防等设防标准	遵守各类防灾设防标准、范围和建设控制要求
基本生态控制线规划	划定以生态敏感区为主的控制线范围，并制定实施与管理政策	遵守以地方法规形式确定的生态控制线
绿道规划	绿道分类与空间布局；标识、服务设施和基础设施建设要求	协调绿道位置及沿途服务设施布置

3. 用地布局的焦点问题

用地布局的焦点问题如表6.4所示。

表6.4 绿色空间用地布局的焦点问题

焦点问题	具体内容
协调生产、生活、生态用地	协调中心城区内的生产、生活、生态空间，引导生产用地，控制生活用地，保障并提高生态用地比例
生态网络与关键区规划	在集中紧凑开发的中心城区辨识、保护、利用已有环境和土地资源，用好存量生态用地，通过生态功能红线限制城市无序开发；修复生态网络结构，扩大绿色空间规模，提升生态服务效力，拓展新的生态增量；重点管控关键生态廊道和生态斑块
都市农业与游憩业规划	优先保护基本农田，合理安排一般农田使用；加强农业与游憩业共生共荣；推动传统农业向都市农业转型，供给城市绿色食品，促进产村融合；延长都市农业产业链，打造环城游憩和绿道体系，鼓励绿色低碳生活方式；维护农田景观多样性，丰富农田生态结构

4. 用地布局规划的主要内容

用地布局规划应与中心城区各专项规划高度衔接，协调好与相邻城市建设区及乡镇的发展关系，安排中心城区生态、生产、生活空间，引导城乡建设活动与绿色空间相适应。规划编制主要内容如下。

(1) 分析中心城区各类自然资源、景观游憩资源、产业资源状况，把握城乡建设状况和上位规划对城市发展的具体建设要求，分析现状问题，梳理发展诉求，明确规划目标和指标。

(2) 结合城市总体规划确定的空间管制要求和城市增长/开发边界，细化城市集中建成区外的"三区"范围——适建区（独立建设用地、城镇化转型区和村庄，以及各类区域公用设施）、限建区和禁建区，划定城市绿色空间规划内建设用地与非建设用地界线；依据相关规划，落实"四线"范围——蓝线、绿线、紫线和黄线；依据相关规划，落实各类保护性用地范围。

(3) 通过生态敏感性评价、建设用地适宜性评价、景观资源评价和产业资源评价等，安排建设用地（独立建设用地、村庄和区域公用设施）、农业用地、生态用地和其他用地，明确各类用地的总量规模，形成合理的土地利用结构。

(4) 充分保护和利用生态存量，在城市规划区生态安全格局下，构建中心城区生态网络；划定中心城区生态红线；通过提升关键性生态廊道和斑块的生态服务水平和修复生态网络关键节点，寻找生态增量。

(5) 因地制宜确定都市农业和游憩服务业布局结构，推动绿色空间产业化，发掘绿色增值效益；依据土地利用总体规划，保护和安排成规模农业用地；提倡绿色生产方式，提升农田生态景观多样性；组织环城游憩体系，布局环城郊野公园和绿道系统，鼓励市民绿色生活方式，提升城市内涵品质。

(6) 营造宜居的城乡人居环境。对城镇化转型区关联边缘地带和独立建设用地开发行为进行引导；整理村庄各类建设用地，合理调整居民点布局，优化内部结构；对严重干扰生态网络连接度的区域公用设施进行生态化干预。

6.2.2 生态网络与关键区规划

规划生态网络是在生态安全格局下，依据现状存量生态要素的区位分布特征和组合规律，合理安排城市生态用地的空间布局和规模。

1. 生态网络分级分区管控

由于基质的相对稳定、规模巨大和完整性，可以通过优化由斑块和廊道组成的生态网络来保障生态安全格局。

生态网络中不同区位上斑块、廊道的价值不一，功能各异，管控方式不应均质化，应根据它们在生态结构中的功能重要性、生态敏感程度和人类使用需求进行针对性管理，采取差异化的"发展、控制与引导"策略（表6.5）。

表 6.5　生态网络分级与管理目标的关系

利用与管理目标	一级控制区	二级控制区	三级控制区
科学研究	●	○	△
郊野景观保护	●	●	○
物种与基因资源保护	●	○	△
维持动植物迁徙等重要生态过程	●	○	△
保护特殊自然/文化景观	●	●	○
水、大气、土壤等城市环境保护	○	●	●
旅游与游憩	○	●	●
教育与传承	○	●	○
提供农林绿色产品	△	●	●
自然灾害防护	○	●	●
城市基础设施防护	△	●	●

注：●代表主要目标，○代表次要目标，△代表不适用。

在生态敏感地区（如风景名胜区的特级、一级保护区），对人类活动予以空间上的限制，尽可能减少人类活动介入。在环境容量许可地区（如风景名胜区的二、三级保护区），则可以适当引导人类活动，使其相对集中，降低干扰。不能将绿色空间理解为"禁区"或"无人区"，而应该把它作为城市功能的一个重要组成部分，并对其空间和资源的潜力进行充分的挖掘和利用。合理地引导绿色空间内有限度地建设，比简单地完全禁止建设将更有利于避免违法建设行为。生态结构管控主要有三种类型：一是边界控制型规划，通过划定一条清晰的空间界线明确生态用地范围，如生态功能红线；二是禁限建区规划；三是分级分区控制规划。

分级分区管控思路强调"发展、控制与引导"的辩证关系，通过实行分级划定、分区管控措施，适度引导合理建设，可以有序释放城市开发压力。一般分为三级：一级控制区是对形成生态网络结构十分重要的关键地区，二、三级控制区的重要性依次降低。其中，生态功能红线范围包含一级区和部分二级区（表 6.6）。

表 6.6　生态用地分区分级管控

级别	管控原则	管控要求	禁限建类型	备注
一级控制区	保护与优化：保持生态环境的原真性，尽可能保证系统自我维持能力	制定保护措施，严格控制该区域的开发干扰，适度开展城郊旅游。积极引导区内村民向城镇和集中居民点迁移	禁止建设	纳入生态功能红线
二级控制区	维护、培育和控制：对生态环境进行有目的的恢复，或者对原生境遭到破坏的生态区域进行生态维护、培育	执行限定区域和限定条件的开发模式。建设活动必须满足相关要求：限定建设性质、控制开发强度、划定具体建设的区域和面积等。重点发展城郊旅游业、高效林业	严格限建	部分纳入生态功能红线

续表

级别	管控原则	管控要求	禁限建类型	备注
三级控制区	引导与限制：对开发建设的强度、方式、空间格局和区域发展模式精心调控	引导与环境适应的开发行为，调控开发建设的强度、方式、空间格局。限制乡村居民点占地规模，鼓励人口向城镇转移	一般限建	不纳入生态功能红线

2. 划设城市生态功能红线

2014年2月，中国环境保护部发布了《国家生态保护红线——生态功能基线划定技术指南（试行）》，是指导国家和区域层面国土空间生态保护的战略文件，也对城市生态红线划设提出了基本要求。其中，生态功能红线是指对维护自然生态系统服务、保障国家和区域生态安全具有关键作用，在重要生态功能区、生态敏感区、脆弱区等区域划定的最小生态保护空间，也就是我们日常所说的生态红线（深圳市等称之为基本生态控制线，武汉市等称之为生态底线）。

早在2005年11月，深圳市人民政府就划定了基本生态控制线，并在《深圳市基本生态控制线管理规定》中将其纳入法制化的管理体系。深圳是全国第一个实施基本生态控制线管理的城市，其基本生态控制线相关规章的实施极大地提升了深圳市生态资源的保护力度，也带动了其他城市划设生态红线的积极性，如广州、上海、武汉、无锡、长沙等。

针对法定保护地和水源地，不同城市纳入生态红线的分区各异，如武汉将饮用水水源一级、二级保护区，风景名胜区、森林公园及郊野公园的核心区纳入生态红线。

划定城市生态红线就是建立土地需求的优先性，反控城市增长边界/开发边界，并在此边界之外，将最需要进行保护的重要生态区域纳入控制线范围。因此，生态红线是一项精明保护策略，首先是生态结构的预防性保护线，其次是城市空间分区建设的综合管理界线。

3. 关键生态廊道规划建设

自然生态廊道结构多样而多变化，是联系各孤立斑块（城镇、乡村、农田、林地）间的各种生态流交换的通道，发挥着四种功能：某些物种的栖息地；物种迁移的通道；分隔地区的屏障或过滤器；影响周围地区的环境和生物源。威廉·M.马什指出，生态网络必须建立在地形地貌基础上，如果没有山体、河流、谷地等起着重要支持作用的地貌系统，生态系统就缺乏多样性、稳定性和弹性。典型的生态廊道包括山体廊道、山谷廊道和河流廊道。

1) 山体廊道规划建设

山体由丘陵、山岭、阶地、台地等高出地面的正地形组成，连续而深入城市的山体廊道是城市最重要的功能结构。

(1) 发挥山链连接功能

以香港特别行政区为例，香港是典型的山地环境，山地多平地少。即使在"人地冲突"十分严重的情形下，1976年，全港划定了24个郊野公园和22个特别地区（其中11个位于郊野公园之内）。香港的郊野公园保护了全港超过40%的土地、60%的林区、55%的灌木林，即使以国际标准来衡量，这也是一个非常高的比例。如今郊野公园已遍布全港各处，包括山岭、森林、塘库、海滨和多个离岛，特别是依托大小山体，各郊野公园形成链条状镶嵌在城市和郊区之间。九龙和香港岛是全港的中心，在此狭小的区域内，两条东西向的山体廊道分别串接了8个和6个郊野公园，形成对建成区的包裹和分隔，并在改善城市环境、减少热岛效应方面起到重要作用。由于管理得力，如今城市核心区形成了极具震撼力的高楼大厦与山体绿化触手可及的特殊景观。

（2）倡导市民合理游憩

山体是某些物种的栖息地和迁移通道，但邻近城市地区的山体也应符合市民的合理使用需求。香港设郊野公园，是为了保护当地自然环境并向市民提供郊野的康乐和教育设施，鼓励人们在郊野公园内开展休闲、健身、远足、家庭旅行、露营等活动。而22个特别地区是指在动植物、地质、文化或考古特色方面具有特殊及重要价值的政府管理土地，以保护为主，尽量避免人类干扰。

（3）整体保护分区管制

某些山体廊道具有大尺度、大区域的连续性，腹地范围宽广，"分区管制"是具有动态适应性的弹性管制手段。

2）山谷廊道规划建设

山谷是山体正地形所夹峙的狭长负地形，断面形态为"V"形谷或"U"形谷。完整的山谷包含山坡带、山麓带和山间谷地，是一个相对完整的生态系统。一方面山坡带是极不稳定系统，另一方面促使生态与景观多样性在山麓带和谷地聚集，具有显著的"边缘效应"，也是承受山地灾害冲击最重的区域，对维持山谷生态系统稳定、减轻坡地灾害十分关键。

（1）建立城市与山体绿色媒介

中国台湾台北市位于构造盆地，西临淡水河，其余三面由大屯山、林口台地等丘陵山地围合而成，5度以上坡地共有14915.51hm²，约占全市面积的55%。自20世纪60年代以来，城市高度密集化发展，蔓延拓展到外围的山系，山坡地不断面临开发压力，许多不当或不兼容的开发行为导致环境灾害，自然景观资源遭受冲击与破坏，城市周边山体系统与城市核心区之间缺乏生态及景观联系，市民与自然之间的关系更加疏离。台北都市计划中，在建成区通过重要生态地位的策略节点选定，依托既有的河川、溪流廊道及水岸两侧范围，或具备一定宽度的带状植被绿带，以及轨道运输廊道，重建并恢复建成区的绿色生态廊道，联系小型残存的绿地斑块，将山体自然系统重新引入城市。

（2）适地适用的谷地开发模式

谷地是城市向山体蔓延的前沿区，山谷中便捷道路和优美环境吸引大量以居住、游憩为主的开发行为。"V"形的窄谷内地形多变化，平地少，不适宜建设，以生态维育（维护和培育）为主；"U"形的宽谷，一般谷底有平地或河漫滩，谷坡上有多级阶地，是城市向山体拓展的首选地，应以生态修复和重建为首要任务，其次才是适地适用。

总体上，谷地应以景观生态维护为主，严禁与主导功能无关的开发建设活动，可以作为环境相融度高的农业用地、低冲击建设用地、公共开放空间和游憩场所。根据山谷的资源环境和建设条件，通常有居住型谷地模式、旅游服务型谷地模式和生态维育型谷地模式三种发展模式。

3) 河流廊道规划建设

河流与城市生产生活密切相关，流经城市区域的低级别河流或河流段，这些河流的流域面积通常在 100km² 左右。另外，包括一些虽为人工开挖，但经长年演化已具有自然河流特征的沟渠，如平坝地区密集的农业灌溉渠。

河流生态健康应以整个流域河流生态系统为认识单元。19 世纪末，河流流域或集水区就开始作为规划的基本地理单位，奥德姆（Eugene Odum）指出，当与人类的利益产生联系时，最小的生态系统单元必须是整个流域，因为流域包括了生物的、物理的、社会的和经济的过程，是完整的空间结构与空间功能分析单位。

流域被认为是城乡规划和自然资源管理十分有用的分析等级。从集水区到流域，等级越高，其空间范围越大，受到的人为非渗透性地面影响越小；反之，等级越低，影响越大。因此，针对不同尺度应采取相应的规划管理措施（表 6.7）：流域层面，应坚持河流连续性，优化流域土地利用；汇水单元层面，应借鉴最佳管理措施（Best Management Practice，BMP）和低冲击开发模式（Low Impact Development，LID），减少非渗透性用地面积；集水区范围，更多关注河岸植被带、水生态系统设计等内容。

表 6.7 多种流域尺度与规划管理的关系描述

流域等级尺度	面积/km²	非渗透性地面的影响	管理方法
集水区	0.13～13	非常强烈	雨洪管控及场地设计
子流域单元	13～78	强烈	河道修复与管理
流域单元	78～260	中等	基本汇水单元划分
子流域	260～2600	弱	流域规划
流域	2600～26000	很弱	流域规划

(1) 维持流域结构功能连续

范罗特（Vannote）等（1980）提出了河流连续体概念，认为由源头集水区的第一级河流起，向下流经各级河流流域，形成一个连续的、流动的、独特而完整的系统。这种连续性不仅指地理空间上的连续，更重要的是指生态系统中生物学过程及其物理环境的连续，上游生态系统过程直接影响下游生态系统的结构和功能。

要保障河流系统健康和稳定的生态服务质量，实现河流沿线土地生态、经济和社会效益的统一，必须按照河流所表现的这种动态变化特征，进行土地、产业、环境整体控制，并在更小尺度的河段内具体实施。

当然，河流的连续性决定了河流水环境问题不可能在一定区间内彻底解决，还需依赖更高层次流域范围的统筹控制。

一些研究表明，河流环境与城市用地或非渗透性地面之间几乎是不存在线性关系的，即在城市用地或非渗透性地面的面积增加到流域一定比例前，河流生态环境质量不会有明显的变化，一旦达到某一比例（阈值），河流环境会出现一个急剧恶化的拐点。有学者建议，一个完整流域内维持河流健康的城市用地或非渗透性地面面积比例的阈值为 10%～20%。虽然单一指标的阈值难以反映十分复杂的关系，因为河道坡度、水容量、流速、河道形状等河流特征也会对河流环境造成影响，但这一阈值对流域内城乡用地布局有一定指导意义，可以作为流域风险管理工具，调整已有的土地利用规划。

（2）水陆交错带纵横向利用

在河流连续体理论的基础上，沃德（Ward）提出"河流四维系统"，包括空间尺度上的三维分异和时间尺度上的分异（图6.1），即纵向（沿河流流向）、横向（沿河流中心到岸边高地）、垂向（沿河流水面到河床基底）三个空间方向，以及每个方向随时间动态变化。河流水陆交错带，由河流水体及两侧与之相连的各类土地、植被等共同构成，人类活动与自然过程共同作用十分剧烈。健康的城市河流是指河流具有生态完整性、弹性和恢复力，具有空间上的安全性，与居民关系和谐，具有开放性或可接近性。

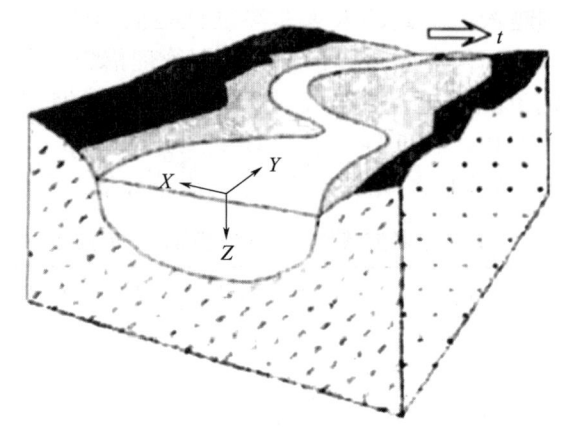

图6.1 河流四维方向

注：X：河流侧向漫溢方向；Y：河流流动方向；Z：河流垂直渗透方向；t：沿时间流向

在有限时间维度内，空间纵向与横向的景观格局和土地利用等与城乡规划关系更为紧密，往往成为影响河流健康的主要因子。

① 纵向上景观与土地格局多样化

空间纵向上，河流是一个线性系统，人为活动随河流介入城乡生产生活的紧密程度而进行调整。纵向上的陆地土地利用方式反映了河流从自然向人工的演变过程。

上游自然景观河段：对于坡陡沟深、自然植被保存相对完好的上游地段，完整的植被斑块不仅能容纳许多栖息地，同时可使本区段具备水土保持能力以避免土壤冲刷，减轻下游的洪泛问题。本区段的廊道宽度最窄，汇水通道密集，廊道边界宜依托集水区自然边界，为不规则形式。可以对林地实行封管，同时加大河谷内造林的比重，禁止各种破坏性较强的人为生产活动。

中上游半自然景观河段：在人口相对分散，自然植被严重破碎化、呈不连续的斑块镶嵌的中游区段，一方面，河流沿线的带状高地需加强保护；另一方面，必须在河道两侧留设足够宽度的滞洪缓冲区，并维持足够的植被与透水地面，通过林带、草带等植被廊道实现与建成区外围斑块间的连接。

中下游人工景观河段：人口相对密集的城区，自然植被破坏严重的下游地段。由于本区段的河流更宽，廊道两侧的坡地和孑遗植被特别容易遭受过度的人为扰动，所以河流廊道的山坡地和植被保护为本区段常见的重要课题。应以近自然生态修复为主，留足行洪通道，加强河岸林带建设，保持植被斑块的完整与连续性，以维持河岸生物的移动通道不受阻断。同时，划定城市不同土地使用类型对河岸占用的区段，提供亲水空间。

② 横向上安全是重中之重

横向上，河流与两侧区域的横向流通很重要。随着离河道距离的增加，防洪安全性不断增加，往往呈梯度式渐变。应根据常年洪水线，把河流沿线空间划分为洪泛淹没带和安全利用带，确定与洪水干扰相适应的土地利用策略。

洪泛淹没带：在洪水期容易淹没的河滩地、河谷阶地。洪泛淹没带是城市最重要的水文"海绵"，是恢复河流生态功能的关键地带。这部分土地应当还给河流，恢复湿地。

安全利用带：位于常年洪水位高程以上的安全利用区。安全利用带是城乡建设的理想场所，采取低冲击开发模式，鼓励与环境相适应的低密度建设，用地以分散组团模式融入自然背景，避免沿谷地蔓延发展。邻近山体地区，在安全利用带的外围靠山麓一侧，配置一定宽度的防护林带是必要的。一般来说，缓坡造林比陡坡造林更有防灾效果，因为缓坡林地具有"塞车效应"，可以有效阻挡滑落的土石。根据台湾山地管理经验，防护林带应不小于30m宽，应与城市开发建设同步实施。

发源于高山山地的河流往往是泥石流排泄通道，河流横向利用尤须谨慎。

(3) 控制河流网关键节点

关键节点，是指那些对维持河流生态连续性具有战略意义或瓶颈作用的地段，包括河流廊道中过去受到人类干扰以及将来的人类活动可能会对自然系统产生重大破坏的地点。当节点的面积在所研究尺度上变得足够大时，就成了关键区。

河流廊道的关键节点（区）包括：河流交汇处，河流进出湖泊、塘库等的位置，河流进出城市建设区的位置，河流出山谷的位置，点源污染在河流上的排放位置，河流与其他交通廊道的交汇处、河流退化的源头以及河流生态断裂地段等（图6.2）。

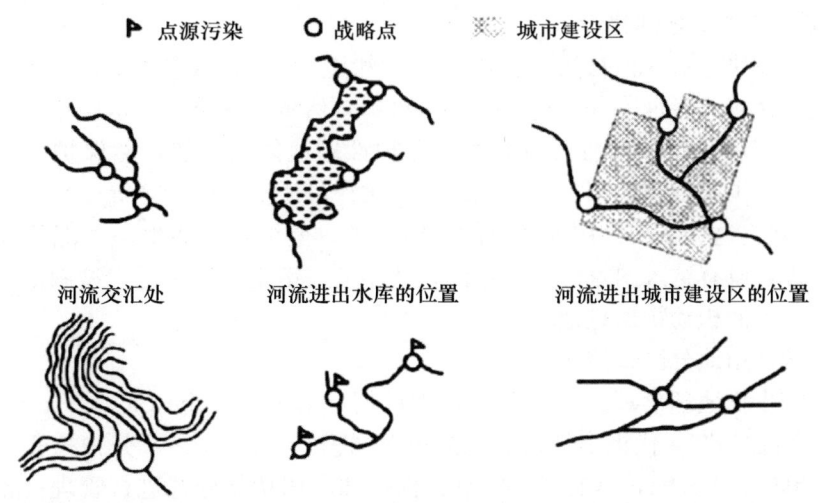

图 6.2 河流关键节点

在这些关键地段，应采取工程措施、生态措施和农耕措施综合控制手段（表6.8），将它们作为生态系统中的重要斑块或踏脚石，保护这些关键点（区）或逐步培育新的生态廊道。

表6.8 河流关键节点控制措施

关键节点	工程措施	生态措施	农耕措施
河流交汇处	建设区按防洪标准设置防洪堤	防洪线以下河流滩涂作为自然生态湿地	防洪线以下禁止农耕活动
河流进出湖泊、塘库等处	—	湖泊、塘库岸线生态化处理，利用湿地滞纳污染物，净化水质	湖泊、塘库沿岸一定范围内引导农耕生产方式，控制化肥施用
河流进出城市建设区处	建设区按防洪标准设置防洪堤	在进出城区设置大型人工湿地，滞纳污染物，净化水质	发展都市生态农业，增补防护林带
河流出山谷处	—	补给防护林带，增加生物迁徙可能性	防止农耕活动侵占河道
河流沿线点源污染排放处	控制或转移污染物排放	建设人工湿地滞纳污染物，净化水质	—
河流与其他交通廊道的交汇处	道路建设采用生态化技术措施	桥梁下沿河流两侧增设植被带，增加生物迁徙可能性	—

4. 关键生态斑块规划建设

关键生态斑块是对保护自然生态功能、生物多样性及廊道连通性、资源生产力有特别价值的关键区域或者最脆弱的地区，具有维护自然生态安全的决定性作用。

关键生态斑块有些已经纳入国家法定保护性用地体系，如自然保护区、风景名胜区、森林公园、国家地质公园、水利风景区、水产种质资源保护区等，是"法规性管理单元"，尽管建立这些保护性用地的目的是综合的，但维持必要生态功能往往是最基本的要求；另外，没有纳入国家法定体系的，典型的关键生态斑块有大型湖泊湿地、大型植被覆盖地、大面积动物栖息地等。

（1）保护性用地分区管控

基于岛屿生物地理学理论，人与生物圈计划（Man and the Biosphere Programme, MAB）于20世纪80年代提出理想的保护地布局模式（图6.3），分为核心区、缓冲区和过渡/协调区（表6.9），具有以下特点：保护和利用功能分开进行管理；各功能区从核心区向外保护性逐渐降低，而利用性逐渐增强；面向公众开放的区域设有集中的服务设施区。

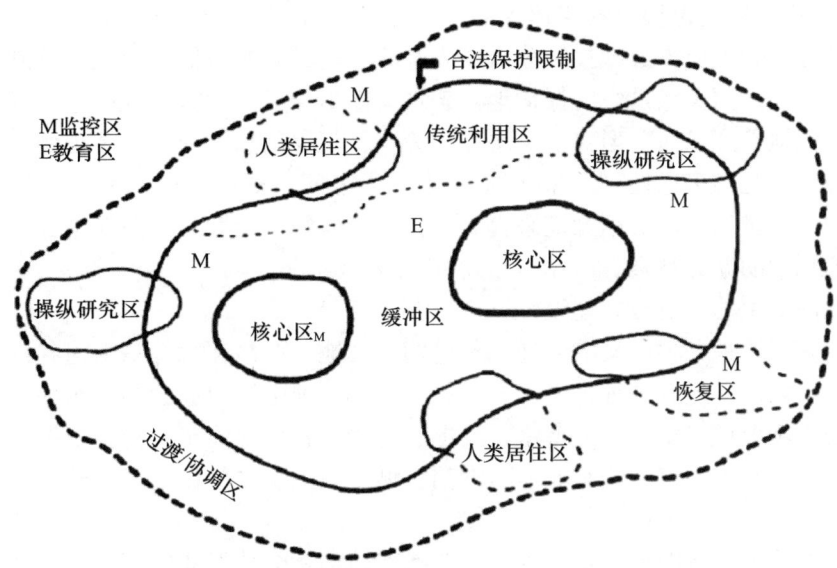

图 6.3　理想的保护性用地分区模式

表 6.9　保护用地各功能区主要特征

分区	特征	公众机会	建设策略
核心区	保护内部保持着原生状态、很少受到人类影响的区域。重要物种和生物群落的主要栖息地,以及重要生态过程的发生地	一般禁止公众进入	任其自然更替或适当干预,以及持续的科学监测
缓冲区	排除周围活动对保护地不利影响的环形区域,核心区物种栖息地的延伸	有限制地允许公众进入	不得从事以资源索取为目的的活动,可以进行科研和少量游憩
过渡/协调区	考虑到保护地内及周边社区生活和发展的需要缓冲区外设立的区域	允许公众及当地居民进入,提供少量游憩机会	当地居民可以进行对环境没有影响的活动

我国保护性用地相关法规中,《中华人民共和国自然保护区条例》和《风景名胜区总体规划标准》(GB/T 50298—2018) 分别对自然保护区和风景名胜区的分区模式进行了规定,其余类型保护地在相关法规中暂时没有涉及。

黄丽玲等通过对美国、加拿大、日本和韩国保护地分区模式的比较,认为由于人地关系的紧张程度和保护地的选取及设立目标差异,我国城市区域的保护地(风景名胜区、森林公园、地质公园、水利风景区等)难以执行十分严格的生态保护政策。另外,部分保护地还要承担带动当地社会经济发展的职责,这也是激励地方政府和居民参与保护的重要因素,也在一定程度上影响保护地的分区模式。

因此,城市区域的保护地应兼顾生态保护和游憩享用,坚持"保护优先、统一管理、适度开发、永续利用"。在分区控制时,核心区是否划定值得商榷,应将缓冲区和过渡/协调区作为这类保护地的主体。通过生态敏感性评价、景观资源评价和环境承载力评价，按分区管理要求合理控制公众进入，除了建设必要的保护设施、管理和服务设施以外，还必须远离重点景观的保护地，合理有序引导居民的搬迁或产业升级。

保护性用地是"孤岛"形式的斑块保护策略，仅仅依靠在地图上画出的孤立区域无法保护物种和景观的多样性。20世纪末以来，生态网络提出的生态完整性保护方式带来新的保护区建设思路，借用廊道来提高保护区之间的连通性，从而促进保护区与区域和地方土地利用的充分整合。

（2）湖泊型生态斑块规划建设

湖泊生态斑块是一种广义的湿地。像昆明的滇池、西昌邛海等是由河谷或低洼区自然生成的汇水湖泊；还有一种是人工湖，如在大小江河上游建成的各类水库，一般是在河道狭窄处筑坝形成，集防洪、蓄水、发电、旅游等各种功能于一身。根据湖泊与城市的关系，湖泊可分为城市湖泊和非城市湖泊。城市湖泊主要指位于城市建成区或近郊的湖泊。

城市湖泊除了固有的自然功能外，还具有特殊的社会功能和经济功能。社会功能主要体现在城市的社会经济发展过程中对城市湖泊的开发利用，且开发利用的方式取决于社会对湖泊的认识程度和需求程度，如优化城市景观、调蓄城市用水、科研教育；经济功能是由社会功能衍生而来，社会对湖泊的需求是体现城市湖泊经济价值的基础，如休闲旅游、沿湖地产开发。

城市湖泊容易受到上游流域生态环境恶化的直接影响，同时也一直处于城市开发利用的干扰中。

① 从全流域保障湖泊水环境

湖泊是河流连续体的一部分，不能将研究湖泊的视角局限在城市建成区，上游广大流域、湖区周边直接入湖的子流域、湖体本身以及建成区的影响必须统一整体兼顾。

② 从子流域保护湖泊水生态

由于湖周支流是从夹峙湖泊周围的第一道山脊流入湖中的，湖周支流子流域包含了城乡工农业的非生态后果，直接影响着湖区的生态格局。子流域上游山区的生态环境得到了较好的保护，一些残存的森林和偶尔的农业用地散布其间。广阔的山顶景观是城市的重要自然轮廓，有少量的灌木林、草地、裸地、坡地、土地等自然退化景观。部分子流域下游流经城市，可以成为疏洪通道。

（3）林地型生态斑块规划建设

林地生态斑块在空间形态上表现为团块状，在区域内分布较为集中，且面积较大，是城市地区孑遗的、稀缺的生态资源。当然，林地廊道尺度足够宽阔时也可视为斑块单元，比如我国重庆主城区"四山"廊道。

借助山体的楔入，林地与城市的融合度更高，最理想的格局莫过于"绿心"模式。林地依托于不利开发的陡坡山地或涵养水源等重要功能得以保留，被建成区逐步拓展环绕而进入城市内。如我国四川乐山，浙江台州、温州，山东威海，贵州遵义等城市就属于这种情况，国外的新加坡也是如此。

5. 生态网络结构修复

所谓生态修复，是指借助于人力等外部力量重建已损害或退化的生态系统，恢复良性循环和功能。对受到破坏的生态系统的恢复不仅要恢复其格局，还要恢复其维持可持续性健康状态和富有吸引力景观的所有过程，其目的在于既能保持和恢复生物多样性，又能保证生态和人类文化景观的异质性，在自然和人类土地利用格局之间实现一种动态平衡。

相对于被动生态保护，生态修复是更为积极主动的措施，特别在已经受到人为高度干扰的城市区域。被动生态保护的对象和范围相对有局限性，解决的是生态存量结构的优化问题，而生态修复的现实需求更为迫切，通过人力介入的生物、生态、工程技术和方法，可以主动地调适与生态环境的关系，找出更多生态增量，谋求部分生态网络脆弱地区生态环境的逐步好转。

1）修复策略与手段

（1）空间策略与手段

埃亨（Ahern）在1995年提出4种保护和修复生态网络结构的空间策略（图6.4）。

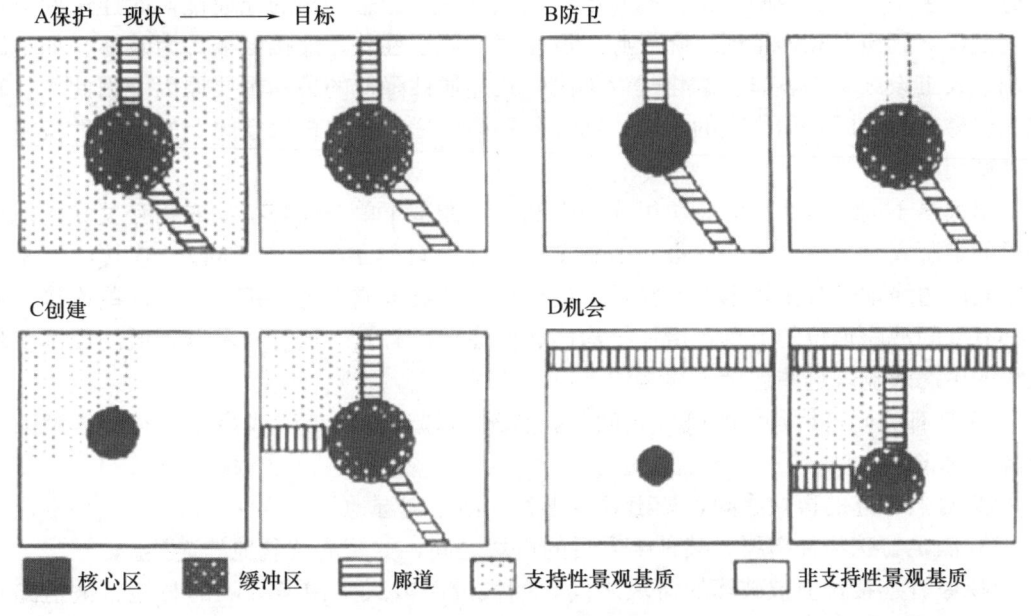

图6.4 生态网络的空间策略

① 保护策略。广阔城市边缘区的现状生态资源分布与规模支持理想格局时，采用这个策略。通过规划政策和土地利用控制，保护现有的生态斑块和廊道，将原有的支持性景观基质替换为非支持性景观基质，以抑制景观基质的消极变化。空间规划手段包括连接、隔离、限制等，保护关键生态区，建立相互之间的必要连接廊道。

② 防卫策略。在城乡建设与非建设区的犬牙交错带，建设活动的进一步扩大，可能会对以建设用地为主的乡镇非支撑景观基质中的局部生态格局产生负面影响。空间规划工具包括绿色核心、隔离、加强核心生态斑块的保护、隔离生态斑块的缓冲区、减少通往核心区域的走廊连接或建立低连通性的走廊，以将其与周围环境隔离开来。

③ 创建策略。在建筑发展欠佳的地区，需要依托有限的生态要素在先前受到干扰和支离破碎的景观中建立新的联系。在隔离的斑块周围建立新的缓冲区，并在斑块周围

的非支撑矩阵内建立走廊网络，以加强联系，达到理想的生态模式。空间规划手段包括连接、约束、隔离、网络、嵌入等，以限制城乡建设对生态资源的侵占和挤压。

④ 机会策略。对需要修复和重建的生态系统，在核心区外围设置缓冲区，建立多方向的廊道，连接现有的廊道和周边的生态系统，在廊道间设置支持性景观基质。

总体上，保护策略和防卫策略用于保护现有生态格局，如加强山体水系廊道建设，保育关键生态区；创建策略和机会策略用于生态修复与重建。这四种策略实际上反映了在生态网络结构演化的阶段，彼此相互结合，并不排斥，可针对不同空间特征综合运用。另外，从这四种空间策略可以看出，"连接"被视作一种通用的重要空间手段，是生态用地网络化的关键。

(2) 空间"连接"修复

"连接"是一种生态过程，具有连接度和连通性双重特征。连接度是指生态廊道上各点的连接程度，是景观功能的一个参数，连接度的高低取决于廊道内部结构和管理。连通性是生态要素在空间结构上的联系，连接度基于生态结构的连通性，而连通性取决于连接线（廊道）和连接区。除了廊道退化降低连通性外，连接区被人为破坏（如道路分割、人工设施阻隔、非生态化建设手段）是连通性降低的另一重要原因。因此，从直观、容易开展空间布局优化的角度，通过各种措施增加生态斑块空间上的连通性被视为一项精明的修复策略。

由大量不同地貌类型的斑块组成的走廊，不如基于单一地貌特征或相互关联的地貌特征的走廊安全，其原因在于不同地貌类型的斑块自然条件往往不同。"连接区"是斑块之间的边缘地带，生境丰富而脆弱，更容易受到灾害或人为干扰破坏。这些连接区域是具有空间战略地位的节点，增加结构连通性往往更有效，这意味着以较低的成本实现最大的生态效益。这些连接区通常位于：

① 具有相同自然条件的斑块之间，如林地与邻近的城市内残余小片林地、湖泊与河流。

② 自然相连的斑块之间，如山脊与山谷、河岸与湿地。

③ 满足特殊物种需要或某种生态目的斑块之间，如跨流域盆地的连接。

④ 原有连接，但被破坏的斑块之间，如被道路或人工沟渠分隔的林地、被道路环绕的山体和山谷。比如，北京奥林匹克森林公园被高速路分隔成南区与北区，为缝合断裂的生态链，横跨高速路建设了"连接廊道"。这是我国首个城市公园生物通道，桥上种植华北地区乡土植物品种，营造了适宜昆虫和小型哺乳动物生长的"近自然"环境。

当然，不当的"连接"也会带来病虫害、人为干扰、物种入侵等危害，一些生态斑块的植被、动物种类、水文等方面可能有较大的差异，不应相互连接。因此，有必要对生态斑块的地貌、植被分布、生境质量和主要物种特征进行分析，科学论证创造新联系的积极和消极作用。

2) 城市森林补给

在采取适当措施修复结构，完成生态联系后，必须采取工程措施和生态措施，建设具有自然演替功能的生态环境。城市森林补给是寻找城市生态增值主要策略的重要手段，如将陡坡改造成森林。城市森林补给是以修复生态、经济、保护和景观为目的，在适宜的地区种植树木、灌木和其他植被类型的一种生态恢复措施。

城市森林补给首先需要进行修复机会评估，广泛考虑植被空缺区位、预期生态效益、修复难易程度（土地覆盖物、所有权、土壤是否适宜种植林木）、投入成本、城市政策和生态网络特征等因素，并且量化这些因素，这有助于确定不同地段上补给森林的优先顺序。

植被空缺分析是寻找生态网络结构上需要（生态、经济、防护、景观），但缺少植被的空缺区域，包括需要保护的生态斑块，以及连接线（廊道）和前述的各种连接区。人为造成的空缺通常是修复的着眼点，而暴雨山洪等天灾、树木倒伏等自然干扰造成的自然空隙地是生态过程，可不作为修复目标。

投入成本既要考虑直接投资成本，又要考虑间接成本。间接成本包括工矿用地退耕造成的经济损失和开挖沟渠引起的洪涝灾害。在经济林地外，模拟天然林建设用地的组成，使现有林地或补充林地成为低成本、自我可持续的景观，有助于减少后期维护投资，维持林地的可持续发展。

6.2.3 都市农业与游憩业规划

城市绿地空间应在土地利用层面上支持绿色产业发展和城郊绿色生活方式，并且要综合考虑城郊绿色工业用地的布局和城市休闲、绿色食品的供给。积极保护耕地，配合城市郊区农村聚落布局和农区布局，将农业生产、生态保护与休闲观光相结合，土地利用和空间布局上的历史文化保护相结合，形成农林文化旅游一体化格局。

1. 绿色产业空间复合布局

绿色产业布局的目标是实现城市产业的全面布局。与都市农业在土地利用范围和生产条件上的局限性相比，休闲服务业具有较强的适应性和包容性。根据现代旅游资源观，发展旅游业，在这个意义上，绿色产业的全球分布是有可能的。

以都市农业为例，对农业产业布局结构进行分析。

（1）"圈层＋轴带"复合结构

杜能模型和辛克莱尔模型是对传统以食品生产为主的大农业分布模式的描述，在都市农业阶段，圈层结构仍然延续，但在现代交通轴线、城市形态、外围山河格局、产业模式的影响下，每个圈层的功能也发生了调整。都市农业由城区组团间的缝地，向四周延伸的近郊、远郊以及放射带等部分组成，形成"圈层＋轴带"复合结构。远郊农业圈是城市的乡村农业生产腹地，是"米袋子"和"菜篮子"，为城市提供粮食等优质的农副产品；都市缝地农业圈、近郊农业圈、中郊农业圈是都市农业集中区，重点实现农业的生态与社会功能。

① 都市缝地农业圈，沿城市组团延伸包围而成。其主要功能是调节和改善城市环境，重点发展设施农业、园艺农业和观赏农业，为市民提供回归自然和体验农业的场所。特别在城市被山体、江河分隔时，大量缝地农业沿城市山体、滨河地带形成。如重庆主城区的歌乐山，它嵌入城市中心区，是城市两大"肺叶"之一。在城市开发压力下歌乐山镇仍保留农业用地 16728.07 亩（约 $11.15km^2$），林业用地 232620 亩（约 $155.08km^2$），借助得天独厚的区位和环境条件，目前已发展花木种植、有机水果、绿色蔬菜、食用菌、甜糯玉米等就近服务城市的都市农业类型。大力发展休闲农业和乡村旅游，建成 50 多家农家乐、度假村，举办"桃花节""桂花节"等乡村旅游节庆活动。

② 近郊农业圈，处于城市化最前沿的农业区，受城市化影响，被各类城乡建设用地、区域交通市政设施划分得十分破碎。一方面由于区位优势，地租相对较高，传统农业生产让位于高收益的经营方式，如农业观光园；另一方面，对建成区的生态环境效益最为直接，同时环绕或穿插于建成区内部，限制城市无序蔓延的功能最为重要。该区域应重点发展休闲观光农业、体验农业、教育农业，拓展农业的旅游、文化、教育等社会功能。

③ 中郊农业圈，距离城市比较近，便于获得城市技术、资金支持；同时，城市拓展造成农业用地不断缩减。该区域适宜发展技术水平较高、附加值较高的设施农业、精品农业、农产品加工业等。

④ 都市农业带，在城市向外延伸的交通干线、河流两侧，形成放射状农业带，如精品水果带、园艺化农业带、风景林带等，为城市开辟绿色通道。

(2) 绿心极核式结构

相较于城市外围环绕的农业，位于城市内部或城市群之间的中心极核式的农业布局模式对城市多功能服务具有独特的优势。

我国长沙、株洲和湘潭三市形成"长株潭城市群"，城市群之间的绿心面积约$523km^2$，包括大量农田、林地、森林公园和水库，有9个自然保护区及风景名胜区。《长株潭城市群生态绿心地区总体规划（2010—2030）》中，提出建设"城市群生态安全的生态屏障和具有国际品质的都市绿心"的目标。明确提出保留绿心区的耕地约$114km^2$，林地约$338km^2$，发展绿色都市农业，建设成集生态涵养和旅游休闲、度假、垂钓、保健、科研等于一体的综合性生态绿心。

2. 都市农业用地规划安排

一般来说，农业用地的市场价值只能通过破坏（如开发、伐木）来获得。为了保持18亿亩耕地的红线，城市规划者可以考虑将城市农用地纳入城市规划安排，通过农用地的空间规划和控制将非市场价值予以系统化和保护，通过公共政策设计（如生态补偿）将非市场价值予以节约。应当指出的是，将城市农业用地纳入城市规划安排并不是为了规划扩权，而是与有关部门合作并共同控制农业用地转换的关键进程，以多部门的力量保护可耕地和农业用地，将其作为组织城市空间的一个重要手段。

在城市总规层面可以综合运用高产农田保护、农业用地分类使用、产业人口与用地匹配、城市开发控制等手段共同减缓农地资源过度消耗的情况。

(1) 保护高产农业用地

我国对农用地实行了最严格的保护制度，但由于城市化的快速发展给郊区农用地利用带来了巨大的压力，新的土地利用规划或调整将农用地保护范围转移到郊区是城市化进程中的普遍现象。在国家层面，采取了新的措施保护基本农田，并努力在一定规模上保护农业用地，划定保护农业区、城市发展区和保护基本农田。

美国国家农田保护协会指出，如果农田不可避免地减少，重点应该放在什么在减少，在哪里减少方面。根据土壤科学、农学和林业标准，城市规划以基本农田和优质农田面积为生态红线的重要内容，已成为城市规划的基本标准。例如，日本划定城市化地区（类似建设地区）和城市化调整地区（类似非建设地区）时，规定城市化地区必须有面积大于$20hm^2$、毗连土地空间集中的优质耕地，或者不得计入8年以下耕地的农业基础设施投资。

农业用地在城市中的重要性逐步得到重视，部分城市尝试在城市规划中统筹安排，并以地方法规和政府规章的形式确立了农业用地的法律地位。如深圳市基本生态控制线规划，将"集中成片的基本农业用地保护区"纳入控制范围，并通过法定图则进行定位、定规模控制。成都市《环城生态区保护条例》中，明确指出133.11 km² 环城生态区"由农业用地和生态建设用地构成"，规定"区内的农业用地应当坚持农地农用，不得非法改变农业用地用途"，并通过各区县制定法定图则形式确立农业用地的地位。

（2）农业用地分类使用

首先，农业用地建设目标应适时调整。荷兰兰斯塔德绿心的规划管理从20世纪60年代开始，"荷兰城乡规划政策"不断修正更新至第4版，管理目标从"减缓发展以保护绿色核心""保留有限数量村庄，以备城市人口向乡村转移""完全限制村庄开发""在绿心外建设增长中心，严格控制绿心边界"到当前的"保护与开发绿心并举"，保护不再是唯一目标，还要挖掘绿心综合潜力。

其次，要区别对待农用地建设，兼顾柔性引导与刚性控制相结合。要仔细划分基本农田、优质农田和普通农田。由规划部门实施，以区域建设为指导，实行限制非农业用地（基本农田不得改为使用，优质农田可以改为使用，但有严格的改为使用程序，将一般农田作为城市扩展后备用地，根据土地供应规划有序改为使用）、限制高密度开发、要求住宅用地尽量少占耕地等空间管理手段。

（3）阻止城市开发渗透

从城市和区域设施有序扩张的"需求"角度，根据国土部门的土地供应计划和交通部门的主要基础设施建设计划，在适宜的建设用地内安排一定时期的建设用地，划定这一时期城市建设用地的增长界限。增长边界不是刚性的、一成不变的，而是有时限的，应根据城市发展阶段的需求弹性进行调整，但不应侵犯生态红线。

生长边界作为"建设用地"与"非建设用地"的边界，确定了城市扩展的边界，也是保护农用土地资源的重要手段。一般而言，已建设面积包括已建设面积和近期将要城市化的面积。建成区内现有农用地通过征用程序改为国有土地，非建成区为控制和保护区，一般不允许开展与农业、渔业、林业无关的开发活动。

3. 维护农田景观多样性

集约化、机械化、精细化的现代农业生产方式，使原本富饶的农田景观转变为单一用途，使农田生境在很大程度上偏离了区域自然生态系统，农业景观的许多方面发生了变化，如化肥投入量大、农作物种类单一、虫害频繁发生、土壤肥力下降、地下水位降低、农田边缘消失、物种多样性减少等。虽然同质化的单一土地使用看起来很有效率和吸引力，但是这个系统是脆弱的，在农田生态系统中要使用自然多样化的群落，如仅依靠一种或多种类型的小麦或松树获得暂时的高产是最危险的，某些物种可能在疾病暴发或气候突变时灭绝。

农田景观作为构成乡村景观的重要形态，是让人们"记得住乡愁"的重要环境意象。进行农田景观保护，须坚持保护与恢复并存、保护传统农田景观与现代农业高效生产相结合、人工农业植物群落与野生植物群落相结合、野生生物保护与居民休闲游憩相结合，将整个农业区域融入绿色空间大背景中，才有利于整体景观价值的提升。

（1）鼓励绿色生产方式

改变传统非绿色耕作方式，发展生态农业、绿色农业是现代农业的发展方向，也是改善农田景观的根本出路，因此，应减少农药化肥的使用，运用节水灌溉技术，推广生态技术，减缓滞纳地表径流，减少土壤流失，降低农业面源污染。

绿色生态产业不必依赖高新技术，传统农业体系中有着丰富的生态绿色生产经验。如通过不同作物间作、混种、混播，以及不同农业生产方式（农、林、畜牧业、渔业）的混合，合理混种，打破单一作物结构和景观形态，改善作物多样性。例如，在我国重要的农业文化遗产中，福建尤溪联合梯田（竹林、村庄、农田、水系综合利用模式）和云南漾濞核桃作物复合系统（传统核桃与作物间作模式）。不同农业生产方式的混合是一种先进的循环农业模式，如水、土地和光热资源的立体化利用。浙江青田稻鱼共生系统（传统稻鱼共生农业生产模式）、贵州从江侗族稻鱼鸭共生系统（传统稻鱼鸭共生农业生产模式）便是很好的例子。

（2）优化农田景观结构

农田景观由农田、道路、沟渠、林地、池塘和树篱灌木带共同构成，这些要素的数量和分布结构决定了农田景观中自然斑块和廊道的规模和形状，能够反映生物的生境条件。农田景观结构的优化必须依靠"景观、林业、田间道路"的统一布局。优化途径包括现有林地、灌木篱笆和草地的管理，道路和林带的建设，农田和林网的建设，湿地的恢复和传统农业景观（灌溉沟、梯田和地方特色作物）的保护，主要通过建立农田斑块和走廊来丰富生境，减缓破碎化。

"农田—树篱"模式是典型的传统农业景观结构。农田边缘、农田中、田埂上残留的树篱灌木丛的生物多样性相对集中。它们可以促进昆虫、鸟类、小型哺乳动物在农田中迁徙、栖息，同时阻隔不同田块之间病虫害的传播或其他干扰的扩散。同时，树篱灌木丛可以减缓地表径流冲刷、控制土壤侵蚀、保护农田土壤养分。然而，为了方便现代耕作方式，往往会清除树篱灌木丛。

借鉴传统经验，可以沿河流、道路、沟渠、机耕道两侧开展农田林网建设，通过构建河流林网，把孤立的坑塘和残余林地联系起来；种植道路林网或树篱，为鸟类或其他动物迁移和捕食提供栖息地和通道；预防和减少农田的自然灾害。

农田林网建设已成为农业土地整理和高标准农田建设的一项重要内容。如前述的小结构模式，较平坦的坝区可规划条形网络状的林网，做到一个耕作单元形成一个防护林网格。山地丘陵区可规划林带，林带应结合水土保持，根据坡度、坡向与地形进行规划，做到等高平行排列，合理布局。林网建设尽可能做到与护路林、生态林和环村林等相结合，减少占用耕地面积。

结合林业、农业部门意见，要适时、适地、适树进行林网建设布局。林带布局方向应垂直于当地的主风向。林带纵横间距一般为500～1000m，与道路结合建设的单行林带占地宽50cm。西南地区，林网树种应选择符合当地实际的速生丰产林木，一般可选用白杨、水杉、柏树等树干较直、树冠较小的当地适宜品种，株距在2～3m。

林网建设要与田网布局协调。平坝区防护林长度应达到适宜植树造林长度的90%以上，防护林网控制面积应占宜建林网农田面积的75%以上；山地丘陵区防护林带长度达到适宜植树造林长度的75%以上，防护林网控制面积应占宜建林网农田面积的50%以上；风害区农田防护面积应不小于90%。

相较于欧洲，我国人多地少，生态负荷重，农田耕作集约化程度低。因此，农田景观多样性建设必须结合农业产业开发来进行。

4. 组织环城绿道游憩体系

绿地规划应充分发掘其在改善人居环境、改变人们的生活方式甚至促进地方经济发展方面的价值，以促进资源与城市生活在绿地中的互动。目前，依托绿道网络和郊野公园构建环城游憩体系，正成为挖掘绿地资源价值的重要举措。

绿道本质是"道路或路线"，首先强调路线的线性，宽度取决于沿线土地供应的程度，几米到几十米即可，一般不需要专门划定土地面积。此外，绿道建设鼓励使用废弃土地、未利用土地或原有道路，只需稍加修缮即可通过，不需要大量资金投入。因此，绿道是用最少的土地，保护最多资源的有效策略。

"连通性"和"多用途兼容性"是绿道建设的关键：连通性是指人与土地、公园、自然区域、历史遗迹和其他开放空间之间的联系，通过空间邻近或功能连接，促进和支持特殊过程和功能的发生；多用途兼容性是指多种用途之间的协作，如生态保护、康乐，以及历史文脉的延续，以获得更多的利益和政治支持，特别是经济用途促进和推动绿色产业是绿道存在的基础。

绿道网可以适应不同尺度的广阔土地，由小型连续的廊道组成，包括从市区到大陆的四级尺度。区域尺度上，美国阿巴拉契亚（Appalachian Trail，简称AT）山径的开辟和管理，证明了区域绿道的巨大力量。区域主义先锋本顿·麦凯（Benton Mackaye）1921年提出保护从缅因州到乔治亚州的阿帕拉契亚山荒野景观，并开辟山径的设想，使之成为分隔美国东北部城市连绵区、连接城市和乡村郊野的游憩通道。AT山径于20世纪30年代开通，全程约3505km，是美国最早的长途山径。

兰布罗河（Lambro River）河谷绿道规划，是意大利第一个绿道网络规划在市区尺度上的成功案例。意大利阿尔卑斯山南麓、邻近米兰的兰布罗河河谷分布着多个市镇，托科利尼（Toccolini）等在规划中调查了兰布罗河河谷235km^{2}范围内的景观资源要素、居住与工作场所、交通节点、生活场所、现有绿道和历史步道，事实上，绿道网中80%的路径已经存在，但由于地形地貌、村庄城市阻隔等原因而断裂，规划最关键的任务是识别和修复网络中的"断点"，构建人与土地、城市村庄、公园、自然保护区和其他开放空间的连接体系。

6.2.4 复合功能区用地规划

中心城区尺度的规划内容十分丰富，需要针对各地不同发展情况，因地制宜选取规划的重点。按照规划要点的相关度，中心城区绿色空间规划必须确立基本空间管制要求，重点实施五大核心计划，安排实施行动计划，即通过"六图一表"的形式凝练复合功能与用地布局的建设管理意图。"六图一表"包括基本空间管制图、关键廊道与斑块计划图、森林建设计划图、绿色产业计划图、环城绿道计划图、村庄建设用地整理计划图，以及行动计划表，如图6.5所示。

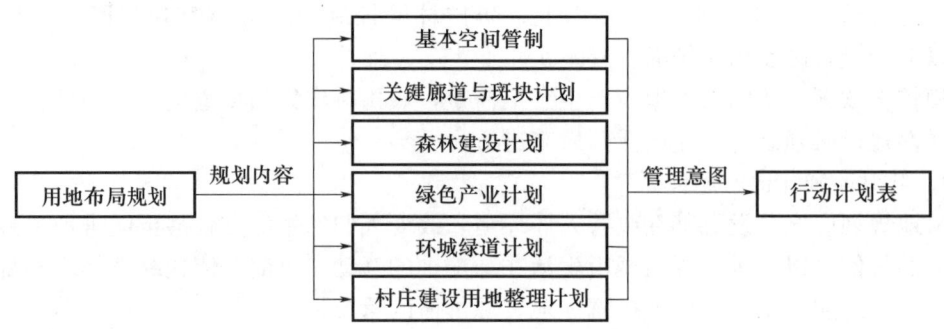

图 6.5 中心城区绿色空间用地布局规划内容

"六图一表"编制路径可以从如下两方面理解。

一方面,编制内容是装配式的,"六图一表"是核心,各地可结合发展需求灵活增加其他内容,如山地区增加山体廊道修复计划、农业地区增加农田林网建设计划、河流湖泊地区增加水陆交错带控制计划等;

另一方面,编制过程是叠加式的,以城市规划对城乡空间配置为基础,叠加建设、国土、环保、产业等部门意图和管理手段,运用生态整体规划理念将多部门要求凝练为生态、生产、生活用地布局安排。

需要强调的是,划定"三区"和增长/开发边界,以及保护性用地并非绿色空间规划的任务,而是城市总规编制的重要课题。另外,保护性用地具有独立的编制程序和管理体系。因此,绿色空间规划具有落实"三区"、增长边界和保护性用地边界,以及相关建设管理要求的职责。

1. 基本空间管制

"三区""四线"、生态红线、城市增长/开发边界、各类保护性用地是城乡规划体系中土地与生态资源管理的重要手段,是刚性管制内容,均有清晰的划定办法和管理规定,此处不再赘述。四者之间的空间关系可以从如下几点理解。

(1) 管制目的

"三区""四线"、城市开发边界、保护性用地是为了开发性建设范围限定、建设行为管理;生态红线是为了保护生态空间最小规模与最优结构。

(2) 考量要素

①"三区"更综合,考量生态、社会、安全、经济要素,如北京"禁限建"分区将建设限制要素分为水(涉及蓝色空间)、绿(涉及绿色空间)、地(地震与地质)、环(环境保护)、文(文物保护)5 个大组,共 16 类要素。

②"四线"特别针对绿地、水体、市政、文物古迹保护。

③ 生态红线包括对生态安全有重要意义的生态功能区、基本农田耕地、水体与水源地、林地、重要山体等,以及其他需要进行生态控制的区域。

④ 城市开发边界是综合考量"三区"、生态红线及保护性用地研究的结论,并结合城市发展态势确定的一段时期内城市建设范围的边界。保护性用地特别针对基本农田、自然保护区、风景区、地质公园、水源保护区、水产资源、文物古迹等需重点保护的自然、生物、景观和文化资源。

(3) 控制范围

① 建设管理角度

禁建区范围包含绿线、蓝线、保护性用地范围；限建区、适建区范围包含城市开发边界范围；城市开发边界范围包含紫线、黄线范围。

② 保护角度

生态红线范围包含蓝线、绿线范围；禁建区范围与生态红线范围部分重叠。

2. 五大核心计划

五大核心计划包括：关键廊道与斑块计划、森林建设计划、绿色产业计划、环城绿道计划、村庄建设用地整理计划，其内容如表6.10所示。

表6.10 核心计划的内容

序号	计划名称	计划核心内容建议
1	关键廊道与斑块计划	关键廊道（斑块）识别；关键廊道（斑块）范围与规模；关键廊道（斑块）分级分类规划建设导引；生态修复措施
2	森林建设计划	森林资源调查；森林植被空缺分析；森林空间布局与优化；森林分类（生态林、景观游憩林、原料林）建设导引；森林植被配置
3	绿色产业计划	都市农业与游憩服务业资源调查；集中连片农业用地布局；都市农业项目库及布局；游憩服务业项目库及布局；游憩服务设施分级分类布局；游憩线路设置
4	环城绿道计划	绿道线路设置；绿道沿线景观、游憩、文化资源布局；绿道服务设施（购物、卫生、娱乐、交通设施等）分级分类布局；绿道道路断面设计
5	村庄建设用地整理计划	村庄居民点布局调整；村庄人口与用地规模引导；村庄公服设施与公用设施配置；村庄废弃地整治；村庄工业用地整治

3. 行动计划表

规划实施是将规划成果转化为一系列在规划期限内完成的具体行动和任务。行动计划表应当是相关责任主体共同认可的安排，据此采取必要的行动以保证计划按预定方向推进。

(1) 行动计划应当包括：

① 既定行动的时间安排，明确短期和长期规划内容；

② 既定行动实施的优先级，通过很重要和重要分级，在时间安排和资金安排上给予差异性支持；

③ 在政府部门和相关管理组织者之间分配责任，明确责任主体；

④ 资金安排计划；

⑤ 行动目标或达到的指标，衡量实施是否达到目标。

(2) 行动计划可以分为两种类型：

① 年度实施行动计划。年度实施计划应与国民经济社会发展规划、城市总体规划、土地利用规划、环境总体规划，以及主要专项规划的年度计划、年度重点项目协同，同步在空间上落实各部门的项目。

② 以重点专项建设和重点地区为主体的项目库。落实重大项目用地需求，对重大

民生和公益性绿色空间项目给予优先保障，确保城市重要发展片区、重点发展项目顺利落地实施，并指导各部门分年度实施。

6.3 宜居城市绿色住宅建筑规划

根据现代汉语词典"宜居"的意思是"适合居住的"，结合绿色建筑的概念，"宜居绿色建筑"字面意思即适合人们居住的绿色建筑。实际上"宜居"这个理念并不是近几年才提出的，早在2005年国务院发布的《国家中长期科学和技术发展规划纲要（2006—2020年）》中，就明确提出在城镇化与城市发展中，应以"发展城市生态人居环境和绿色建筑""开发城市居住区和室内环境改善技术，显著提高城市人居环境质量"为发展思路。

2006年我国发布了第一部绿色建筑评价标准，并且于2014年、2018年分别进行了修订。经历十余年的发展，《绿色建筑评价标准（2024年版）》（GB/T 50378—2019）中对"绿色建筑"的定义进行了调整：在全寿命期内，节约资源、保护环境、减少污染，为人们提供健康、适用、高效的使用空间，最大限度地实现人与自然和谐共生的高质量建筑。绿色建筑技术指标体系也从最初的四节一环保：节地、节能、节水、节材、环保逐步发展成为五大性能：安全耐久、健康舒适、生活便利、资源节约、环境宜居。

新绿色建筑评价标准对绿色建筑的内涵进一步扩充，不仅涵盖了生态、环保、节能、可持续，更加注重高品质建筑的健康宜居属性。相应地，技术指标体系的重新分类，也凸显了"宜居友好"重要性。这表明，我国绿色建筑重心逐步从提升建筑性能转向提升建筑品质。绿色建筑不再是简单的"与自然和谐共生""最大限度地节约资源"，同时具备"高质量""满足人民美好生活需要"的特性，因此"宜居"一直以来都是我国发展绿色建筑重要的方向。

6.3.1 当下绿色建筑中存在的问题

宜居绿色建筑的最终使用者是其居住者。目前绿色建筑普遍存在的问题可大致分为以下几类：环境布局不合理、欠缺合理性和细节处理不到位。

1. 环境布局不合理

此类问题多出现于商住两用、裙房式建筑小区项目，小区整体上满足绿色建筑指标的各项要求，但是小区中部分组团空间被过度占用，大量商业设施、通风井、管理用房等占据裙房上屋顶公共空间，影响公共绿地的完整性，减少了实际上可供小区居民活动的社区公共空间。加上室外公共空间与建筑高度比例的严重失衡，不符合人体工程学，容易让人产生心理压迫感。同时容易造成空间围合度过高，导致空气流通性差，加重热岛效应，大大降低了居住区的舒适度。

2. 欠缺合理性

在项目策划初期，建设单位会根据政策和市场等对商品房进行定位。但是，我国实行商品房预售制，预期市场情况有一定的不可控性。再加上小业主、建设单位、设计者之前缺少沟通，设计过程中多根据建设单位要求和设计者自身经验进行设计，加上工程建设周期长，建设方容易忽略了小业主的需求变化。小业主收房后，时有发生所购房子与购买时所想的宜居住房相差甚远的情况。

绿色建筑中提出了一体化装修的要求，在商业的运作之下，"一体化装修"的概念慢慢发展成了"拎包入住"的精品装修概念。精装修模式节约了购房者的时间成本，在节材、环保上也有突出的贡献。但是家庭精装修需要设计者拥有丰富的生活经验和项目经验，装修风格通常带有很强的个人喜好和习惯。抹杀了个人特色、忽略了个人习惯的居家装修往往带来很多争议和矛盾。多个小区的业主认为，安装需要吊顶的多联机式空调剥夺了个人使用分体空调、拥有高净高室内空间的权利；也有业主提出，厨房、卫生间的设置不符合个人的使用习惯，如没有预留足够尺寸的空间放置大容量冰箱等。此类问题带来了大量的后期拆改工程，违背了绿色建筑节能、环保的本意。

3. 细节处理不到位

绿色建筑发展至今，已有多种成熟的技术措施，如雨水回收系统、太阳能热水系统、冷凝水回收系统等。但是要发挥这些设施的绿色作用，除了要合理布局、更要做好细节上的处理，否则带来的不是宜居的居住环境，反而会引起居住者的不适。在调查的项目中，有很多市民反映，不喜欢下凹式蓄水设施，蓄水深度过高，暴雨后容易形成水坑，如果后期运管不善很容易成为微型垃圾场，滋生蚊虫，最终被废弃。

部分项目选用了 ALC（Autoclaved Lightweight Concrete，蒸压轻质混凝土）环保材料作为墙体材料，ALC 板材虽然环保、质轻、隔声和保温性能均好，但是此类墙体无法在安装后开槽埋设配电箱。很多工程往往忽略了这个问题，在工程后期安装配电箱时才注意到这个细节，只好将配电箱及电信箱沿墙明装，非常影响室内空间的使用感受。

6.3.2 发展宜居绿色建筑的意义

1. 突破自我

自中华人民共和国成立以来，我国住宅建设历经了半个多世纪的蓬勃发展，居住环境、建设技术、工程产业链都得到极大改善和提升。人们对建筑的功能、外观造型等逐渐有了更高的要求，迫使设计师们重新审视建筑的空间结构、功能作用以及美学形式等。绿色建筑发展目标不再仅着眼于最大限度地节约资源等指标性内容，更需要从根本上得到提升，从本质上解决住宅建筑仍然存在的品质欠缺问题，同时提高人们对绿色建筑的认知和感知程度，提高我国住宅建筑整体水平。

2. 协调矛盾

《住房和城乡建设部关于在城乡人居环境建设和整治中开展美好环境与幸福生活共同缔造活动的指导意见》（建村〔2019〕19号）指出：随着新时代社会主要矛盾的转化，人民群众的美好生活需要日益广泛，不仅对物质文化生活提出了更高要求，对美好人居环境的要求也日益增长。住房需求从"有没有"转变为"好不好"；住房发展从"量不足"转变为对"好环境"的需求。因此，居住建筑发展更应该坚持以人为核心，将宜居放在首位，做百姓主观需要的居住型建筑，才能增强百姓的获得感、幸福感，被百姓所接纳。

3. 发展根本利益

绿色建筑与传统建筑相比，初期投入高，后期回报慢。虽然从长远来看绿色建筑经济效益远远大于成本,但实现"成本回收"的前提是好的运营管理人与运营制度。居住者作为绿色建筑的使用者和所有人(由居住者形成的业委会),委托物业企业对绿色建筑进行管理,对绿色建筑的运维情况有监管权和知情权。当百姓了解绿色建筑内容,意识到绿色建筑所产生的价值时,才会行使自己的权利,督促物业进行绿色运维,从根本上做到节能环保、降低污染,促使绿色建筑产生真正的价值。

6.3.3 宜居绿色住宅的规划与设计

1. 规划与设计原则

(1) 节能降耗原则

在进行宜居绿色住宅规划与设计时,需要始终坚持降低节约能源、降低能源消耗的原则,综合利用各项建筑资源,这与国家的节能减排政策相符,也能积极贯彻落实科学发展观,为实现碳达峰和碳中和目标作出应有的贡献。通过实施节能降耗,能够持续提高住宅建筑使用资源的利用率,推广应用可再生资源和可降解能源,实现资源的循环再利用。与此同时,需要注意不能为了过度追求建筑住宅节能而忽视了居住者的健康高效生活需求,合理权衡建筑住宅节能与居住者舒适度,在达到节能降耗目的的同时进一步提高人们的居住生活品质。

在宜居绿色住宅规划与设计中,需要根据绿色产能需求,做好预算规划工作,合理选择绿色环保材料和绿色产品,减少生产浪费和资源浪费,提高资金利用率,用最小的成本获取最大的利益。比如,需要对住宅区的人流、车流流线进行科学合理规划,实施人车分流,降低居住者的出行成本,实现低碳环保出行。在设计住宅建筑时,还需要全面分析区域的气候条件、水文条件、环境条件,合理设计住宅位置,最大限度利用自然光照和自然通风,使空调能耗、照明能耗、电器能耗大大降低。同时将风能技术、太阳能技术、屋面隔热技术、屋面绿化技术应用在住宅设计中,减少电能消耗。在选择住宅建筑建设材料时,需要以安全可靠的节能材料为主,还可以推广应用装修集成构件、建筑装配式构件,最大限度降低对生态环境的破坏程度,也能循环利用资源。

(2) 健康、舒适性原则

在宜居绿色住宅规划与设计中,健康、舒适性原则是最基本的功能保障以及直接的生活要求。通过打造健康舒适的生活环境,能够提高人们的生活质量,让人们在室内和室外都能够感受到舒适和放松,从而舒缓人们紧张的心情和生活压力,让人们保持健康的生活状态。具体来说,在宜居绿色住宅设计中,需要对环境中的温度条件和湿度条件进行合理利用,还需要合理利用采光设计和技术设计,科学制定设计方案,满足人们的各项生活需求。而小区中还需要合理设计景观绿化,让人们一年四季都能看到植物不同的季相变化,让人们感受春的温暖、夏的热情、秋的收获以及冬的寒冷,提高住宅区景观绿色的审美效果和艺术效果,带给居住者美感和舒适感。

在设计住宅环境时,需要结合居民的住宅需求合理设计,其一,在平面设计中,充足的日照是提高居住环境质量和舒适度的重要因素。所以需要对当地的地理环境日照和气候特点进行全面分析,将住宅建筑设计在朝南位置,这样住宅建筑室内的日照强度和日照时间就会大大增加。其二,在进行绿色设计时,除了小区内部地面上的景观绿化,还需要提高立体绿化设计重视度。不仅可以在住宅小区屋顶、阳台种植一些绿色植物,还可以根据海绵城市理念将绿化景观种植在地下室的车库顶板上，减少洪涝灾害的发生，而且能够将雨水集中收集起来，实现再次循环利用。收集的雨水可以用来冲洗卫生间和车辆，也可以灌溉小区内部的植物，还可以设置相应的净化装置对雨水进行过滤、净化处理，在达到安全饮用水的标准情况下用于生活用水。这些都能够促进住宅区水文的良性循环，有效改善住宅区的生活环境，实现人和自然和谐共处，达到理想、舒适的宜居生活住宅区。

（3）经济性原则

就目前绿色建筑的设计建设情况来看，初次投资比较高，很多居民难以接受。一旦设计和建设成本过高，就会给绿色建筑实施推行带来不利影响，无法顺利实现建筑住宅的绿色性能。所以，在进行宜居绿色住宅设计时，环境、社会、经济三个层面的长远发展需求需要全面纳入考虑范畴，不仅要注重保护环境，促进经济社会全面绿色转型，也需要考虑到住宅设计、建设的经济性。具体来说，需要围绕住宅建筑规划与设计、设备技术设计、施工等阶段展开深入探讨研究，在满足绿色建筑标准需求的基础上制定经济性优异的设计方案，选择性价比高的施工材料和先进的施工技术，有效降低各个阶段的成本，确保绿色住宅建筑整体成本有所降低，尽可能将绿色建筑的总成本控制在居民可接受范围内。同时还需要极致规划室内空间，在有限的范围内设计出无限的利用空间，提升室内空间利用率，有效节约后续的装修、维护管理成本。

（4）因地制宜原则

进行宜居绿色住宅规划与设计时，还需要遵循因地制宜原则，这样设计出来的住宅才能满足人们的实际需求。每个地区的地形地貌、生态环境系统、风土人情等都存在差异，如果采取千篇一律的设计方式，所制定的设计方案就很难得到居住者的认可，也很难实现住宅建筑的社会价值和经济性，而且无法体现地域文化和城市特色，导致城市丧失自身的魅力，严重阻碍了城市文化发展。在宜居绿色住宅规划与设计中，需要将住宅设计与自然气候、地形地貌、社会习俗、当地区域的审美观和价值观有效结合，尊重原有的地形地貌和历史文脉，最大限度利用原有的地形、地貌、植被、水体等特征，保留延续城市肌理的景观元素，不仅能满足居民对居住环境和居住质量的要求，也能确保城市有着自身鲜明的特色，打造别具一格的住宅区。

2. 设计因素

（1）可感知

感知（也称简单知觉、感知觉）可分为视觉、听觉、嗅觉、味觉、触觉五种，是多种分析器协同活动对传入大脑的感觉信息赋予心理意义的过程。希望人们更好地了解、认同、接纳绿色建筑，项目在选用绿色建筑技术时，应同时考虑其所呈现出来的感知效果和实际应用效果。只有能够被使用者识别并感知，并且实际收效良好的绿色建筑，才能被使用者认同。

（2）实用性

实用是建筑的基本功能，其他功能依存于建筑的实用功能且不应妨碍建筑实用功能的发挥。绿色建筑的根本是高质量的建筑，因此不具备实用性的建筑，不可被称为绿色建筑。宜居绿色建筑中，实用性则更为重要，这种性质会在无形中影响居住者的日常生活的，提高居住者的生活质量。

(3) 包容性

包容性设计是指被尽可能多的人平等地、有尊严地进入和使用环境设计（这里的环境泛指建筑内部环境、社区环境等开放或非开放环境空间）。一个具有包容性的空间在规划设计过程中不仅考虑大多数人们的使用需求，同时也考虑了特殊人群的使用需求，不仅考虑了普遍性也考虑了个体的独特性。这是一个在当下中国建设发展中非常重要的性质。

3. 设计路径

虽然在实际项目中，设计师必须在某些方面做出让步，但在宜居绿色建筑设计中合理规划，平衡利弊，未雨绸缪，尽力通过借助自然、平衡生态的手段去构建一个理想宜居环境，从而保证建筑的绿色属性在全生命周期内可持续。宜居绿色建筑的技术选取不仅针对一个建筑单体，小至室内各个空间舒适度，大到整个组团的良性循环，都需要列入考虑范畴。

(1) 生态景观设计

以绿色为主的生态景观能带给人安宁舒适、生机勃勃的感觉，有助于改善视觉疲劳、缓解紧张、平静情绪。这是因为，远眺绿色景观时，成像焦点刚好能够落在视网膜上，人眼不需要通过睫状肌调节眼部晶状体的形状，便可看清眼前的事物，使人处于一种自然放松的状态。生态景观除了影响人们的视觉感受，还宜于人们的听觉和触感感受。

近年来，伴随着城市轨道等交通基础设施的建设，极大地方便了人们的出行，但随之而来的是交通噪声对沿线建筑居住者日常生活的干扰。除了注重在根源上控制解决噪声问题外，在小区规划设计初期尽可能地对可预判的噪声污染来源做出防控，更有利于打造小区长久的宜居环境。在噪声源方向增加绿化，有助于降低地面噪声，改善环境音。树形浓密、枝叶茂盛的植物对声波有很好的反射、透射和吸收效果，对降低减弱高频噪声有一定的效果。一般说来，通过对植物的合理搭配，可有效降低建筑前环境噪声。除此之外，植物还能起到遮阴和蒸散作用，减少硬质下垫面的占比，有效调节区域内的温度与湿度，降低热岛效应和控制雨水径流总量，保护修复生态环境的功能。

(2) 全龄化设计

为妥善解决人口老龄化带来的社会问题和减轻家庭负担，无论是老旧小区改造还是新建绿色住宅，都需要把全龄化设计作为一种通用设计手段。经由全龄化设计得到的结果能同时符合弱势群体和普通居民使用的需求，体现尊重、包容多元差异的价值观，实现真正意义上的公平。

从规划层面，合理配置幼儿园、中小教育机构、医院、养老服务设施及活动场地，公共交通设施的接驳路线，做好15min生活圈规划，保障居住者的生活需求。采用无障碍设施连通室内外各类活动场所，保证通行线路无障碍通达率100%，同时结合遮阳、避雨设施，方便人们的日常生活。细节上也要做好安全防护设计，主要表现为：地面防滑、阳角防撞、门窗防夹、玻璃防脱、临空防坠等，提高绿色建筑场地安全性，让从小孩到老年人的每一个年龄层都能在宜居绿色建筑中更加舒适、自在地活动。

(3) 智能化设计

建筑智能化服务系统是将通信技术、计算机技术、自动控制技术等与现代建筑艺术有机结合，达到为人们提供安全、高效、舒适、便利的生活环境。部分系统已被广泛使用，如安全防范方面的消防联动灭火报警系统、安全监控系统、煤气泄漏报警系统；物业管理方面的水、电、气的远程抄表收费系统、车辆识别系统等。随着人工智能技术的发展，智能服务系统从公共管理范畴逐渐转向私人生活领域，如家电控制、照明控制、环境监测等。这些系统通过集成传感器对环境进行监测，再与能源管理系统相关联，通过对通风换气设备和照明遮阳装置的控制，把建筑物室内的温度、湿度智能调控在符合人体健康的舒适范围，从而达到减少能源消耗、降低温室气体排放、提高健康舒适度的目的。

6.4 宜居城市绿色空间保护设施建设

6.4.1 大气污染控制设施建设

城镇建设的大气污染控制设施主要包括企业生产工艺大气污染控制设施，热电厂、供热站等市政大气污染控制设施以及道路交通大气污染控制设施三方面内容。

1. 企业生产工艺大气污染控制设施建设

企业生产工艺大气污染控制主要针对有毒有害气体及特征污染物，例如喷漆废气、有机废气、恶臭等。

通常来说，工艺废气的产生量均较小，但由于近距离接触工人，具有较大的危害性。对于工艺废气的控制，除了要大力推进清洁生产，改善生产工艺，制定实施严格的环境监察制度，落实环评中所提出的大气环境保护措施，减少污染物排放或保证处理达标后排放外，还要安装必要的净化、处理装置。

（1）针对使用气体原料或易挥发液体原料的生产工艺或流程，要采取有效的封闭措施，杜绝或减少生产过程中的无组织排放。

（2）针对产生有毒有害气体的生产工艺或流程，必须采用密闭容器，减少有害气体外溢。

（3）针对产生其他工艺废气的生态工艺或流程，要采用必要的喷淋、吸附等净化处理设施，减少工艺废气的产生和排放。

（4）针对有恶臭污染源的企业和生产工艺，采取相应的防范措施，如在厂区内做好绿化。此外，还要保证留出200m防护距离，减缓特殊气味对人群的影响。

在选择生产工艺大气污染控制设施时，要针对废气的物理化学特点，选择处理效果好、操作简单、成本较低的设施与方法。

2. 热电厂、供电站等市政大气污染控制设施建设

市政设施的大气污染物主要指城镇内热电厂、供热站的烟尘污染和垃圾收集处置、污水处理设施的恶臭气体等。

针对热电厂、供热站的烟尘污染，要求其安装高效的脱硫除尘装置，满足污染物达标排放和总量控制的标准。

（1）针对垃圾收集处置和污水处理设施的恶臭污染，要求其采用有效的恶臭防治措施，并合理设置防护距离，减缓臭味对人群的影响。

（2）加强周边区域的绿化和景观水体建设，充分发挥绿地、水体净化空气的作用。

3. 道路交通大气污染控制设施建设

道路交通大气污染控制主要从减少排放和环境净化两方面采取措施。

（1）减少排放可以通过道路规划建设和日常交通管理来实现。

① 合理设计道路系统，优化城镇路网建设，避免断头路、尽头路，增加环路，提高交通便捷程度和机动车利用效率，从而降低污染物排放。

② 科学管理道路交通，减少道路拥堵，从而降低污染物排放。

（2）环境净化主要通过道路绿化景观工程来实现改善大气环境的目标。选取具有一定环境净化作用的绿化植被，充分利用榆树、垂柳、丁香等植物对含硫污染物、颗粒物、有机污染物等的吸收作用，将绿化植物的景观效应、生态效应、环境效应发挥到最大。

6.4.2 污水处理设施建设

1. 污水处理厂建设

从污染源排出的污（废）水，因含污染物总量或浓度较高，达不到排放标准要求或不适应环境容量要求，从而降低水环境质量和功能目标时，必须经过人工强化处理的场所进行处理，这个场所就是污水处理厂，又称污水处理站。

城市污水处理厂的运行管理，是指从接纳原污水至净化处理排出"达标"污水的全过程的管理。城市污水处理厂的运行管理，同其他行业的运行管理一样，是污水处理全流程进行计划、组织、控制和协调等工作的总称，是企业各种管理活动的一部分。

（1）厂址的选择

污水处理厂址的选定是城市和工业区的总体规划的组成部分。厂址的选择同城市和工业区排水管道的布置、处理后污水出路密切相关，应进行深入的调查研究和技术经济比较，并应考虑以下原则。

① 厂址必须位于给水水源的下游。如果城镇、工业区和生活区位于河流附近，厂址必须在它们的下游，而且要在夏季主风向的下风向，并应同城镇、工业区、生活区和农村居民点保持一定的距离，但又不宜太远，以免增加管道的长度。

② 厂址应尽可能与处理后出水的主要去向（如灌溉农田）或受纳水体靠近。

③ 充分利用地形，选择有适当坡度的地区，以满足污水处理构筑物和设备高程布置的需要，节省能源和动力。

④ 尽可能少占和不占农田，并考虑有发展的可能性。

（2）污水处理厂的处理工艺流程以及处理构筑物和设备形式的选定

这是污水处理厂设计的重要环节。确定污水处理工艺流程的主要依据是污水所需要达到的处理程度，而处理程度则取决于处理后出水的去向。

① 处理后的出水如果排入水体，则污水的处理程度既要能够充分利用水体自净能力，又要防止水体遭到污染。不考虑水体自净能力，而任意采用高级处理方法是不经济的，但也不宜将水体自净能力耗尽，要留有余地。处理后污水如果用于灌溉农田，污水水质应达到所要求的标准。

② 处理后的出水如果回用于城市建设，要考虑两种情况：直接回用和进行处理后

再行回用。污水处理厂一般以去除生化需氧量物质作为主要目标,在大型污水处理厂中多采用以沉淀为中心的污水一级处理和以生物处理为中心的污水二级处理。有时为了去除氮、磷等物质,还在生物处理后,进行污水三级处理。

(3) 污水处理运行管理

城市污水厂的运行管理,指从接纳原污水至净化处理排出"达标"污水的全过程的管理。城市污水处理厂运行管理过程中的基本要求如下:

① 按需生产,满足城市与水环境对污水厂运行的基本要求,保证处理后的污水达标。

② 经济生产,以最低的成本处理好污水,使其"达标"。

③ 文明生产,要求具有全新素质的操作管理人员,以先进的技术文明的方式,安全地搞好生产运行。

④ 水质管理,是污水处理厂(站)各项工作的核心和目的,是保证"达标"的重要因素。水质管理制度应包括:各级水质管理机构责任制度、"三级"(指环保监测部门、总公司和污水站)检验制度、水质排放标准与水质检验制度、水质控制与清洁生产制度等。

2. 生态塘

生态塘是利用天然水中存在的水生植物、水生动物对污水进行处理的一种稳定塘。

目前,生态塘的处理工艺正在向着正规化、系统化、资源化、生态化、美学化的方向发展,已经在许多国家得到广泛应用。许多中小城市的污水处理长期以来没有受到应有的重视,有的只是经过了简单的处理就直接排入了自然水体,大部分处于放任自流的状态。据统计,95%以上的生活污水被直接排放到地下或江河湖泊中,使环境不断恶化。在我国中小城市土地资源丰富的地区,生态塘作为一种高效率、低能耗的污水处理方案具有广阔的应用前景。

针对稳定塘存在的不足,诸如水力停留时间长、占地面积大、积泥严重等问题,人们不断地对稳定塘进行改良,出现了许多新型稳定塘。

(1) 活性藻系统。活性藻系统是根据菌藻共生原理,在系统内培养合适的菌类和藻类,同时控制菌类和藻类的比例关系(通常3∶1)。利用藻类供氧以减少人工供氧,从而进一步降低污水处理能耗和成本。还可以用大量繁殖菌藻的方式进行污水进化、再生和副产藻类蛋白,因此,活性藻系统又称为高速率氧化塘。

(2) 高效藻类塘。高效藻类塘内的生物相对丰富,对有机物、氨氮、磷都有良好的去除效果,占地面积也大大减少了。与传统的生态塘相比,高效藻类塘更有利于菌藻之间的相互作用,其特征主要表现在以下四个方面:第一,较浅的塘深,一般为0.3~0.6m;第二,有一垂直于塘内廊道的连续搅拌装置;第三,较短的停留时间,一般为4~10天;第四,高效藻类塘的宽度较窄,且被分成几个狭长的廊道,这样的构造可以很好地配合塘中的连续搅拌装置,促进污水的完全混合,调节塘内氧和二氧化碳的浓度,均衡池内水温以及促进氨氮的吹脱作用。

(3) 水生植物塘。利用高等水生植物,主要是水生维管束植物提高稳定塘的处理效率,控制出水藻类,除去水中的有机物毒物及微量重金属。

(4) 悬挂人工介质塘。在稳定塘内悬挂比表面积大的人工介质,如纤维填料,为藻类提供固着生长场所，提高其浓度来加速塘内去除有机质的反应，从而改善塘的出水水质。

（5）移动式曝气塘。移动式曝气近似于有多个曝气器同时运转，可缩短氧分子扩散所需时间，含氧水也随着移动式曝气器的移动而迁移，进一步缩短氧分子扩散所需的时间，曝气器的移动还有利于保持塘内的溶解氧均匀分布而避免死角。

3. 再生水处理设施

常规污水处理厂不能充分去除污水中数百种有害有机污染物与无机污染物，也不能灭活或去除污水中的有害微生物。用常规方法处理被高浓度有机物严重污染的水时，病毒显示出特有的抵抗力，因此发展废水的深度处理技术在水污染严重的区域显得更为迫切，其处理水平依回用目标不同而异。

目前，已建成的再生水厂选用的处理工艺包括混凝、沉淀和过滤工艺，膜生物反应器（Membrane Bio-Reactor，MBR）工艺、反渗透（Reverse Osmosis，RO）技术及其组合工艺等。这四种常用的再生水处理工艺过程如下。

（1）混凝、沉淀和过滤。二级出水—混凝—臭氧脱色—机械加速澄清池—V形滤池—紫外线消毒—出水。

（2）MBR工艺。城市污水—曝气沉砂池—MBR—臭氧脱色—二氧化氯消毒—出水。

（3）MBR＋RO工艺。城市污水—曝气沉砂池 MBR—RO—二氧化氯消毒—出水。

（4）二级RO工艺。二级出水—过滤器—紫外线消毒—微滤——级RO—pH值调节—二级RO—加氯消毒—出水。

此外，根据城镇的实际情况，可采用生态净水的观念进行再生水处理，如深度处理塘＋人工湿地系统，该系统对污水处理厂二级出水进行深度处理，充分利用城镇周边的芦苇塘，以太阳能作为初始能源，使芦苇塘的自然生态系统通过多条食物链的物质迁移、转化和能量的逐级传递、转化，将进入塘中的有机污染物进行降解、转化，净化出水可以回用。该工艺具有结构简单，工程造价低，运行稳定可靠、维护方便，运营费用低等优势，并具有良好的抗冲击负荷能力，系统污泥产量很少，适宜城镇污水处理及再生回用。

7 宜居城市公共服务设施规划

7.1 宜居城市公共服务设施的特点

宜居城市由于各国不同的发展阶段和生活水平的差异尚未有一个统一的定义，不同的学者、机构或者组织都对其有不同的概念和解释。城市的公共服务设施和公共空间是各国宜居城市发展从未被忽略的内容之一，绝大多数研究都认同宜居城市应当提供优质、令居民满意的城市公共服务和公共空间。

通过对世界上一些排名在前的宜居城市进行研究发现，这些城市在公共服务设施、公共空间供给和通达性的政策上有许多相似的特点：第一，在宜居城市中，不论居住地的类型，对于居民生活必需的城市公共服务设施和公共空间都应当有平等的空间可达性；第二，从居民各自的住所出发，在较近的步行距离内就可以到达相应的基层公共服务设施和公共空间；第三，每一类公共服务设施都应当有不同层级的服务中心，以满足不同等级的服务需求；第四，所有的公共服务设施对各个社会阶层而言都应较容易地到达和使用。以上四条也是宜居城市公共服务设施和公共空间应当满足的定性标准。

城市居民对公共服务设施的基本需求一般包括宜居的公共空间、教育设施、医疗设施、文化设施和休闲设施等五类公共服务设施。因此宜居城市的研究，通常是基于居民对这五类公共服务设施的基本需要的满意度展开的。下面也将基于这五类公共服务设施，对世界宜居城市公共服务设施特点进行介绍。

1. 宜居的公共空间

西方国家城市公共空间由来已久。例如，罗马和巴塞罗那这种历史悠久的城市有着众多大小不一的城市广场，然而并没有因此在宜居城市的评价中得到较好的排名，这是因为宜居城市不仅仅只要求城市中有硬质铺装的各色广场作为公共空间。由于受田园城市和生态城市等理论的影响，宜居城市更要求城市中要有以绿地为主的公园系统作为开放空间，一方面，可以为居民提供交流的公共场所；另一方面，为城市提供一些必要的生态功能，以改善城市环境。

根据对世界知名宜居城市的调研和分析，可以发现世界排名在前的主要宜居城市的公园绿地覆盖率普遍比较高，例如，斯德哥尔摩、新加坡、维也纳等城市的公园绿地都超过了城市面积的40%，其他大多数城市的公园绿地覆盖率也都超过了15%。由于各城市的统计口径并不一致，很难横向比较其覆盖率的现实意义并得出参考标准，因此人均公园绿地面积就比较有参考价值。研究发现大多数宜居城市人均公园绿地面积都在$15m^2$以上，如温哥华为$23.9m^2/$人，维也纳为$15.5m^2/$人，日内瓦为$15.1m^2/$人。世界卫生组织（World Health Organization，WHO）给出的建议标准为$9m^2/$人，由此可见宜居城市对公园绿地的供给必须是十分充足的。

宜居城市在公共空间供给上另外一个重要因素是，公共绿地空间布局及其可达性。通常，宜居城市的公园绿地分布比较均匀，城市每个区域都有公园绿地。如苏黎世的城市公园绿地规划有比较高的标准：从每个住宅出发，在步行10～15min的距离之内，可以方便地到达就近的公园绿地；从工作地点出发，在步行5～7min的距离之内，可以方便地到达开放空间。由此可见，宜居城市的每一个居住小区都应该有小型的公园绿地提供服务，并且各基层公园绿地之间的距离最好不大于2km，以满足小型公园绿地服务范围的全覆盖。

此外，这些城市中，多数都有比较大型的绿地作为城市级的生态中心，为其提供了较高等级的生态服务，满足了不同的服务需求。例如柏林市区内的滕珀尔霍夫（Tempelhofer）公园，占地面积355hm^2，该公园不仅提供了传统的公园休憩，还将体育运动、社区墓园、园艺博览等功能进行了整合。如此这般，不仅提高了公园的使用频率与服务范围，更将这些与绿地兼容的公共服务进行整合，在节约土地资源的同时，还提升了其他公共服务的质量。因此，宜居城市建设中，公共服务的聚集效应在公共服务的配置过程中也是不容忽视的。

在公共空间的设计时，首要考虑的是人的需求。扬·盖尔（Jan Gehl）对宜居城市的公共空间设计提出12条标准，其核心内容概括起来就是一个好的公共空间应当从人的尺度出发设计，能够满足人群多种多样的需求，让人们有机会去享受公共空间营造出来的积极的环境。哈佛大学教授彼得·G.罗（Peter G. Rowe）也表述了类似的观点，他认为经过精心设计的公共空间，不一定是吸引人的，因为设计得越多，所带来的限制也就可能越多，从而约束了人们对这一空间的使用，满足人的需要才是最为重要的。

2. 教育设施

目前世界各国的教育体系虽有一些差异，但是在基础教育资源的供给上还是比较相似的。总体而言，大多数宜居城市经济发展水平较高，因而在教育资源相关统计指标上的优势比较明显。

20世纪，以英、美为首的西方国家主要按照邻里单元配置基础教育设施，一般将小学布局在居住区内部，避免主干道对小学的干扰以及带来的安全隐患。这种规划思路对规划行业至今都有着显著的影响。

3. 医疗设施

世界各国的医疗体系不尽相同，医疗设施的供给模式也有较大差异，故而很难横向对比各城市的医疗设施布局与服务内容，但是医疗设施总体指标的比较仍具有一定的参考价值。大多数宜居城市每千人拥有的医生数在3人以上，例如赫尔辛基3.4人/千人，哥本哈根3.7人/千人，柏林4人/千人，日内瓦4.1人/千人。而大多数宜居城市每千人拥有的护士数量更是在10人以上，由此可见各宜居城市在医疗资源的供给上是相对丰富的。

就医疗设施的空间布局和服务内容而言，各个地区是不同的。英国的医院布局相对集中，但GP（General Practitioner，家庭全科医生）诊所则分散在各个社区之中，以保证基层医疗服务的覆盖范围。目前英国超过90%的首诊是在全科医生处完成的；

加拿大则在每个社区都修建了社区医院,以确保基层医疗服务保障。虽然各城市的医疗体系不相同,但是都十分重视基层医疗服务的可达性,确保基层医疗设施可以覆盖城市的各个区域。医疗服务设施方面,我国一些城市的发展并不比国外逊色,特别是像北京这样的城市。数据显示北京医疗设施的分布比较均匀,城市中心区医疗设施的密度相对较高。根据刘静和朱青的《城市公共服务设施布局的均衡性探究——以北京市城六区医疗设施为例》一文的研究,北京市大部分居民点距离卫生服务机构都在500m以内,距离三级医院在5000m以内。此结果可以作为国内宜居城市医疗设施布局的参考标准。

4. 文化设施

由于文化设施的种类繁多,因此很难全面地评估、比较各个城市的文化设施的空间布局及服务内容,所以选取最基本的公共图书馆作为空间布局分析的指标。公共图书馆是相对基础的文化设施,受经济发展水平及文化习惯差异的影响较小(相对于画廊、音乐厅等文化设施),所以具有较好的可比性。目前,各宜居城市的公共图书馆数量差异比较大,大多数宜居城市的图书馆数量在100座左右,例如柏林88座,斯德哥尔摩90座,维也纳104座。数量较少的如新加坡只有27座,而数量较多的巴黎竟有1100座图书馆。由于这种巨大差异的存在,因此很难确定宜居城市公共图书馆的应有数量。

宜居城市的文化应当有每一个城市独有的内涵与核心,并把这一核心与各层级的文化服务设施有机结合。

5. 休闲设施

各个国家休闲设施的供给模式不尽相同。在国内由于城市比较紧凑集中,休闲设施主要有赖于政府集中供给。而美国则由于地广人稀的特性,大量住宅皆位于郊区,通常有大量居民自建的家庭运动设施;若需要大型场地的体育运动,主要由俱乐部经营管理和建设。所以就城市中的公共休闲设施而言,美国的经验可能没有较好的参考价值,而英国与我国的公共休闲设施供给模式比较类似,政府在体育用地规划方面具有主导作用。在此,选取卡迪夫作为案例进行分析。

目前,卡迪夫的休闲设施主要是由两个方面组成:一是社区运动中心;二是与开放空间相结合的公共运动设施。其中社区运动中心由政府在规划中统一布点,确保每一个社区在步行或者骑行范围内可以轻松地到达运动中心。通常情况下,这一中心还承担着其他的一些职能,例如社区信息通知、垃圾袋发放等。不同的社区运动中心也是由不同的机构管理运营,有政府负责运营的,也有非营利性组织运营的,还不乏一些私人运营的。对于与开放空间结合的公共运动设施,卡迪夫将其定义为功能型开放空间,并对所有新开发的地块设立了定量指标,要保证 $2.43hm^2/$千人的最低值,并且这些功能型开放空间要在有条件的情况下提供全时段全功能的服务,满足不同天气条件下居民的使用,以及不同类型的运动需求。卡迪夫将居民的运动主要分为三类,健身、休闲以及娱乐,其中娱乐包括成年人带孩子在开放空间嬉戏玩耍,所以每一个功能型开放空间都要提供一定的儿童游乐设施。总体而言,针对体育场所的规划和供给,需要考虑的是不仅保证休闲设施在各个居住区的可达性,还需要对休闲设施提供的服务进行更为细致的规定,以满足全体居民的差异化需求。

7.2 宜居城市公共服务设施的布局规划

7.2.1 城市公共服务设施布局的基本原则

1. 满足人民群众的基本需求

城市公共服务设施布局的首要原则是满足人民群众的基本需求。这包括但不限于教育、医疗、交通、文化等方面的服务设施。规划者和决策者应通过充分了解居民的需求和期望，结合人口分布、社会经济情况等因素，合理确定公共服务设施的位置和数量，确保居民可以便捷地享受到必要的公共服务。

例如，在教育方面，需要根据不同年龄段的学生数量和需求，合理规划学校的位置和规模，确保每个孩子都能接受到良好的教育。在医疗方面，需要考虑人口密度、年龄结构和卫生资源分配情况，合理安排医院和诊所的布局，以提供及时有效的医疗服务。交通设施的布局则需要考虑人口流动性、出行需求和区域发展规划，合理配置公共交通站点和道路网络，提供便捷的交通服务。

2. 公平合理、均衡布局

公平合理、均衡布局是城市公共服务设施布局的重要原则之一。它强调在城市范围内实现公共服务设施的均衡分布，避免资源过度集中或过度分散的问题。这要求将公共服务设施合理分布在各个区域，尤其注重满足相对贫困和欠发达地区的需求，提高社会公平性和区域协调发展。

例如，在城市规划中，可以通过引导投资和资源向相对欠发达的地区倾斜，加强基础设施建设和公共服务设施的配套，缩小不同区域之间的发展差距。同时，还需要考虑人口密度、聚集程度和就业机会等因素，确保公共服务设施能够满足不同区域居民的需求，避免资源过度紧张或浪费。

3. 优化资源配置、提高效益

优化资源配置、提高效益是城市公共服务设施布局的经济原则。在有限的资源条件下，需要通过科学规划和决策，合理配置各类公共服务设施，以提高资源利用效率和经济效益。这可能涉及选择合适的土地用途、建设成本的控制、设施的功能整合等方面的考虑，以实现资源的最优化配置。

例如，在土地利用规划中，需要综合考虑不同类型设施的空间需求和相互关联性，合理布局各类公共服务设施，避免重复建设和资源浪费。在设施建设过程中，可以采用先进的技术和管理手段，提高建设效率和运营绩效，降低成本并提升服务能力。同时，还可以通过与私人部门和社会组织的合作，引入市场机制，实现资源的共享和优化配置。

4. 融合发展、多样化布局

融合发展、多样化布局是城市公共服务设施布局的发展原则。城市内不同区域具有各自的特点和需求，在布局时应充分考虑不同区域的差异性，并通过融合发展的方式促进区域间的协调发展。这意味着在城市规划中要注重整体性和多样性，避免过于单一化的布局模式。例如，在文化设施的布局中，可以将艺术馆、博物馆、图书馆等文化机构与公园、广场相结合，创造出以人为本的宜居环境。同时，还应充分考虑社区设施和商业设施的布局，使不同功能之间相互补充、相互支持，形成有机的城市生活圈。

融合发展也涉及跨区域合作和资源共享。城市之间可以建立合作伙伴关系，共同开展公共服务设施的规划和建设，实现优势互补、资源共享。通过联合行动，可以提高公共服务设施的质量和覆盖范围，满足更广泛的需求，实现城市群的协同发展。

综合而言，城市公共服务设施布局的基本原则包括满足人民群众的基本需求、公平合理和均衡布局、优化资源配置和提高效益，以及融合发展和多样化布局。这些原则的有效运用可以实现城市公共服务设施的合理布局，提升居民的生活质量和幸福感，推动城市的可持续发展。在未来的城市规划和建设中，应继续贯彻这些原则，并与社会各界合作，共同努力打造更宜居、更具活力的城市环境。

7.2.2 城市公共服务设施布局策略和关键因素

1. 城市公共服务设施布局策略

（1）住区内的设施布局

在城市公共服务设施布局中，住区是居民生活的核心区域。合理的住区设施布局可以满足居民的基本需求，提高生活质量和便利性。

① 教育设施。在住区内布局教育设施是至关重要的，这包括幼儿园、小学、中学等各个教育阶段的学校。应考虑学校的容量和数量，确保每个孩子都能就近入学。此外，还可以在住区内建设图书馆、学习中心等辅助教育设施，为居民提供终身学习的机会和场所。

② 医疗设施。住区内应当布局医疗设施，包括诊所、社区医院等。这样可以方便居民就医，特别是处理常见病、轻微伤病的情况，减轻大型医院的压力。同时，可设置家庭医生服务站点，提供定期健康检查、预防保健等服务，促进居民做好健康管理。

③ 文化设施。在住区内布局文化设施有助于满足居民的精神文化需求。这包括艺术馆、博物馆、剧院、音乐厅等。提供文化活动和展览，丰富居民的文化生活。此外，可以设置社区图书馆、文化广场等设施，鼓励居民参与社区文化交流和艺术创作。

④ 休闲设施。住区内的休闲设施对居民身心健康和社交互动起着重要作用。例如，公园、运动场和健身中心等。提供户外活动场所和设备，鼓励居民进行锻炼和休闲活动。同时，可设置社区活动中心和社交空间，促进邻里互动和社区凝聚力的形成。

住区内设施布局应考虑人口密度、居民需求和社区规模等因素，不同住区的特点和定位也需要综合考虑。例如，高密度住区可能需要更多的教育和医疗设施来满足居民的需求，而老年人居住的社区则需要更多的养老和康复设施。通过科学规划和合理布局，可以为居民提供便利的公共服务设施，营造宜居的住区环境。

（2）城市间的设施布局

城市间的设施布局不仅需要考虑各个城市内部的情况，还涉及区域性设施和交通设施的规划和布局。

① 区域性设施。区域性设施是指跨越多个城市、为更大范围人群提供服务的设施，包括大型医疗机构、高水平教育机构、文化艺术中心等。布局区域性设施时，需要考虑城市之间的空间分布、人口流动和交通便利性等因素，通常会选择在交通枢纽或战略位

置建设，以方便各城市的居民都能够相对容易地访问到这些设施。

② 交通设施。交通设施的布局对于城市间的连通性和互动具有重要意义，包括道路、公共交通站点、铁路、航空等。在城市间设施布局时，需要考虑各城市之间的交通需求和出行模式，以及经济发展和人口分布的特点。合理布局交通设施可以促进城市间的交流与合作，提高人员流动效率和物资流通速度。

在城市间设施布局中，需注重协调发展和互利共赢。各城市之间可以进行合作和资源共享，共同规划和建设区域性设施，以实现优势互补和资源的高效利用。同时，要考虑区域间的均衡发展，避免过度集中或过度分散，提高公共服务的覆盖范围和质量。

(3) 环境友好型设施布局策略

在公共服务设施的布局中，环境友好型是一个重要的考虑因素。以下是两个关键的环境友好型设施布局策略：

① 节能减排。在设施布局时，应考虑节能减排的原则。这包括选择可再生能源和高效能源设备，如太阳能发电系统、LED（Lighting Emitting Diode，发光二极管）照明等。同时，建筑设计应注重隔热、保温等节能措施，减少能源消耗，合理规划交通设施，鼓励采用公共交通和非机动车出行，减少小汽车使用和尾气排放。

② 生态保护。设施布局应充分考虑生态保护的原则。这包括保护自然环境和生物多样性，避免对生态系统的损害。例如，在公园和绿地的布局中，要保留现有植被，提供适宜的栖息地给野生动物。同时，应优先选择可持续材料和建筑技术，减少对自然资源的开采和消耗。此外，水资源的合理利用和废弃物的处理也是重要的环境保护考虑因素。这些环境友好型设施布局策略有助于减少对环境的负面影响，同时提高城市的可持续性。通过合理规划和设计，可以降低能源消耗、减少污染排放，并保护生态系统的完整性。这对于提升居民的生活质量、增强城市的韧性和可持续发展具有重要意义。

2. 实施城市公共服务设施布局的关键因素

(1) 政府政策和规划支持

政府在城市公共服务设施布局中发挥着重要作用。政府应制定有利于公共服务设施发展的政策和法规，明确责任和监管机构，推动规划和建设工作的顺利进行。政府还可以通过土地使用计划、用地拨款等手段，提供必要的资源和支持。

(2) 社会参与和民众意见反馈

社会参与是实施公共服务设施布局的重要环节。民众对于公共服务设施的需求和意见反馈应得到充分关注和考虑，召开公众听证会、征求意见或举办公民参与活动，可以增加居民对决策过程的参与度，并提高项目的透明度和可接受性。

(3) 技术创新和智慧城市建设

技术创新在城市公共服务设施布局中发挥着重要作用。智慧城市建设可以提供更高效的公共服务管理和运营方式。例如，利用物联网、人工智能等技术来提升设施的监控、维护和管理效率。同时，还可以应用数据分析和预测模型，优化设施的规划和资源配置。

(4) 资金投入和合作模式

实施公共服务设施布局需要充足的资金投入。政府、私营部门和社会资本可以通过不同的合作模式，共同分担投资风险和责任。建立公私合作的伙伴关系，吸引民间投资并激发创新活力，加速设施建设进程。此外，还可以探索多方合作，如与国际组织、跨界城市等开展合作，共同推进公共服务设施布局的实施。这些关键因素相互交织，相互促进。政府的政策支持和规划引导为公共服务设施布局的实施提供了框架和指导，而社会参与和民众意见反馈确保了决策的合理性和可行性。技术创新和智慧城市建设，为公共服务设施布局提供了更高效、智能的解决方案。

7.2.3 持续改进和评估城市公共服务设施布局

1. 数据收集和分析

持续收集相关数据是评估城市公共服务设施布局的基础。可以利用传感器、监测系统、调查问卷等手段收集有关设施使用情况、居民需求和满意度等方面的数据，借助数据分析技术，对收集的数据进行综合分析，揭示潜在问题和改进机会。

2. 健全监测和评估体系

建立健全的监测和评估体系是持续改进城市公共服务设施布局的关键。这包括制定指标体系、建立监测系统和评估方法。通过定期监测设施的使用情况、运营效率和用户满意度等指标，及时发现问题和瓶颈，并进行定量和定性评估，为决策提供科学依据。

3. 针对问题进行调整和优化

根据评估结果，及时对城市公共服务设施布局进行调整和优化。这可能涉及设施的扩建、功能调整、服务水平的提升等。政府、社区和利益相关者应积极参与讨论和决策过程，确保改进措施的科学性和可行性，同时，要关注长期规划和适应未来发展的需求，以确保持续改进和优化。持续改进和评估城市公共服务设施布局是一个动态的过程，通过数据收集和分析、健全的监测和评估体系，可以及时发现问题并采取相应的调整措施。这有助于提高公共服务设施的效率和质量，满足居民的需求，并推动城市的可持续发展。

7.3 城市更新背景下的社区公共服务设施建设

7.3.1 存量更新背景下社区公共设施建设面临的主要问题

随着我国的城镇化发展进入中后期，城市发展模式逐渐由增量扩张向存量提质转变、由规划建设向可持续运营转变。党的十九届五中全会明确提出实施城市更新行动，社区作为社会关系的基层载体，是城市更新的基本单位，对推进国家治理体系和治理能力现代化具有重要的基础性作用。住房城乡建设部等部门先后发布了《住房和城乡建设部等部门关于开展城市居住社区建设补短板行动的意见》《住房和城乡建设部办公厅　民政部办公厅关于开展完整社区建设试点工作的通知》《完整居住社区建设指南》等一系列文件，要求进一步健全完善城市社区服务功能。

一直以来，学界对社区及其公共服务设施有较多研究，主要聚焦在规划建设标准、布局模式等前端环节。运营作为广义供给的环节之一，体现了社区公共服务供给的最终结果，然而目前与运营相关的研究较少，尤其是对于运营的机制和模式的研究不足，存在重前端轻后端、重政府轻市场等问题。

在实践过程中,我国社区公共服务供给与住房制度高度关联,在计划经济时期以大院模式为主、街居制为补充,由单位主导实施自上而下的公共服务设施建设和运营;在住房商品化快速发展时期,地方政府成为社区公共服务设施运营维护的主体,但是由于管辖范围和财力有限,存在服务质量下降、供给不足的问题;随着保障性住房等多元住房体系的建立,各地纷纷探索多主体协商共治、共同参与的运营模式。

总体来看,现阶段社区公共服务设施运营普遍面临以下问题:一是,社区公共服务设施涉及的产权复杂,参与运营的主体和社区居民的需求多样,需要协调的主体多、难度大;二是,不同类型的社区空间基础差异巨大,老旧小区可用于建设运营的空间资源十分有限,改扩建难度较高;次新类、新建类社区存在空间利用效率低、空间需求和供给不匹配等问题;三是,设施运营成本和收益平衡难度大,一方面社区公共服务设施需要量大面广,仅依靠政府财政投入难以持续;另一方面由于盈利周期长、投资风险高、退出机制不明确等,社会资本参与的积极性不高。

7.3.2 社区生活圈理念下社区公共服务设施建设的新要求

"社区"是指居住于某一特定区域、具有共同利益关系、形成社会互动并拥有相应服务体系的一个社会群体,是城市中的一个人文和空间复合单元。社区治理和服务的水平、效率,与社区服务的空间单元尺度息息相关。2016年,上海市规划和国土资源管理局发布《上海市15分钟社区生活圈规划导则》,于国内首次提出依托社区生活圈打造基本生活服务单元,强调以适宜的步行范围为空间尺度,配置居民基本生活所需的各项功能和设施,引导健康活力和绿色低碳的生活方式,构建"宜居、宜业、宜游、宜养、宜学"的社区生命共同体。2021年6月,自然资源部发布《社区生活圈规划技术指南》,将社区生活圈作为落实"以人民为中心"的发展思想和"多规合一"改革的创新内容向全国推广实施以来,国内各地已经形成诸多社区生活圈规划建设实践,并将社区生活圈作为研判城市各类民生服务品质和效率、群众实际感受和满意度的关键。但关于社区生活圈的公共服务设施空间配置单元层次构建、尺度与影响因素、空间单元划分方法、设施协同布局标准等,在学术和实践层面仍处于进一步探索和结合地方实际的验证阶段。

随着全国各地积极推进社区生活圈的规划建设,国家和地方就居民日常生活服务设施配置的问题提出了一系列的标准指南,自然资源部的《社区生活圈规划技术指南》,以及住房城乡建设部的《城市居住区规划设计标准》(GB 50180—2018)、住房城乡建设部办公厅印发的《完整居住社区建设指南》为国家层面现行比较权威的标准、文件,均主张在居民步行范围内的街道、社区单元基础上,立足人的需求更好地组织社区生活空间,提供高品质的社区公共服务,社区生活圈的要素涵盖了住房保障、就业指导、社区服务、绿色出行、生态低碳、公共安全等诸多方面。

从社区生活圈的空间配置单元角度看,《城市居住区规划设计标准》(GB 50180—2018)结合居民对各类设施的使用频率要求和设施运营的合理规模,将配套设施分为四级配置单元,包括十五分钟生活圈居住区(服务半径1000米、服务人口5万~10万)、十分钟生活圈居住区(服务半径500米、服务人口1.5万~2.5万)、五分钟生活圈居住区(服务半径300米、服务人口0.5万~1.2万)三个层次的生活圈,以及居住街坊层级(服务人口1000~3000),配套设施主要包括公共管理与公共服务设施、商业服务业设施、市政公用设施、交通场站设施4大类，39小类。《社区生活圈规划技术指南》（TD/T 1062—2021）对应地域类型分为城镇社区生活圈和乡村社区生活圈，其中，城镇社区生活圈对应单元范围构建了"15分钟、5~10分钟"两个空间层级，乡村社区生活圈以行政治理边界为主构建了乡集镇层级和村/组（15分钟）两个空间层级，配置设施按需求分为基础保障型服务要素、品质提升型服务要素和特色引导型服务要素等三种类型。综合来看，国家标准对社区生活圈的基本要求如表7.1所示。

表7.1 国家标准对社区生活圈的基本要求

分级		内容
城镇社区生活圈	街道	以居民步行15分钟至20分钟的公共服务圈范围，服务半径1000米，人口规模为5万~10万人
	社区	以居民步行5分钟至10分钟的生活服务圈范围，服务半径300米，人口规模为0.5万~1.2万人
乡村社区生活圈		依托行政村集中居民点或自然村组，综合考虑乡村居民常用交通方式，配置满足就近使用需求的服务要素，并注重相邻村庄之间服务要素的错位配置和共享使用

与传统公共服务设施配置方式不同，社区生活圈的公共服务设施配置标准强调设施的可达性，明确不同类型设施的服务半径及空间布局要求、自下而上的衔接行政管理体系，更加关注居民的实际使用体验。基于社区生活圈的公共服务设施以便利性、多样性、舒适性、可扩展性和文化特色为要求，以满足居民的基本生活需求和提高社区生活品质为目标，更好地串联起"家"和"城市"，在规划、实施与管理上具有更大的自主权和灵活度。

（1）突破传统的行政管理边界

传统的公共服务设施配置往往受到行政管理的限制，不同部门之间的合作和协调不够顺畅。社区生活圈公共服务设施以居民日常活动半径和范围为依据，强调设施的可达性，不拘泥于行政管理边界的限制，通过整合多个部门和资源，以提供更全面、更优质的公共服务。同时注重资源共享的理念，通过共享共建来提高公共服务设施的利用效率，减少公共服务资源的浪费。

（2）建立公共服务设施配置清单

有别于传统公共服务设施的"千人指标"的配置标准，社区生活圈公共服务设施从设施类型、建设规模、服务半径和空间布局等方面，结合区域的差异性、服务对象的特征，提出差异化的设施配置指引。以需求定标准，构建基础保障型、品质提升型和特色引导型三类要素配置标准体系，通过设施配置清单，"填空式"配置所需的公共服务设施。

（3）关注居民的实际使用体验

考虑不同人群的需求和偏好进行设施配置，强调居民的参与和决策，让居民能够参与公共服务设施的规划、设计、建设等各个环节，更好地了解居民的需求和期望，让公共服务设施更加贴近居民的实际需求。

（4）健全开发实施机制

一方面整体统筹安排公共服务设施资源，提前做好设施空间布局规划，根据不同区域的差异性，采用更新、新建、改建等多种方式，完善区域公共服务设施配套，实现公共服务设施从规划配置到建设管理再到实际使用的统一；另一方面鼓励多元化供给，通过政府、企业、社会组织等不同的主体来共同提供公共服务，引入更多的资源和竞争，提高公共服务的质量和效率。

7.3.3 社区嵌入式服务设施建设方案

《城市社区嵌入式服务设施建设工程实施方案》（以下简称《方案》）提出，聚焦创造高品质生活，推动城市公共服务设施有机嵌入社区、公共服务项目延伸覆盖社区，努力把社区建设成为人民群众的幸福家园，不断增强人民群众获得感、幸福感、安全感。

城市社区嵌入式服务设施，是指以社区（小区）为单位，通过新建或改造的方式，在社区（小区）公共空间嵌入功能性设施和适配性服务，为社区居民提供家门口服务。社区是城市公共服务和城市治理的基本单元，实施城市社区嵌入式服务设施建设工程，在城市社区（小区）公共空间嵌入功能性设施和适配性服务，有利于推动优质普惠公共服务下基层、进社区，更好满足人民群众对美好生活的向往。

当前，我国65%以上的人口生活在城市，居民主要生活在社区。能否在家门口享受到优质普惠的公共服务、在小社区满足人民美好生活需要，是关键小事，更是民生大事。社区嵌入式服务设施面向社区居民提供养老托育、社区助餐、家政便民、健康服务、体育健身、文化休闲、儿童游憩等一种或多种服务，让群众在家门口、楼底下享受优质服务，解决群众接送、跑腿之难，实现养老托育"离家不离社区"，降低公共服务和社会运行成本。

《方案》明确，城市社区嵌入式服务设施建设工程实施范围覆盖各类城市，优先在城区常住人口超过100万人的大城市推进建设。综合考虑人口分布、工作基础、财力水平等因素，选择50个左右城市开展试点，每个试点城市选择100个左右社区作为社区嵌入式服务设施建设先行试点项目。

1. 提高"家门口"服务质量

开展城市社区嵌入式服务设施建设，是推动城市和社区更好承载人民美好生活的必要举措。建设城市社区嵌入式服务设施，有利于推动城市公共服务嵌入成千上万社区，通过"家门口"的一站式服务，解决群众离家、接送、跑腿难题，方便就近、价格实惠的惠民服务，能够有效打通群众可感可及"最后一公里"。

城市社区嵌入式服务设施建设，还可以成为推动公共服务惠及群众的有效举措。城市社区嵌入式服务设施半径小、距离近、复合多能、一点多用，能够实现各类服务功能集成、业态融合，更受广大群众欢迎。

建设城市社区嵌入式服务设施也能成为促进就业的重要举措，让养老托育、家政便民等各类生活服务进社区，可以提供更多就业岗位，实现惠民生、促就业一举多得。

那么，开展城市社区嵌入式服务设施建设有哪些具体要求？

《方案》对统筹社区嵌入式服务设施建设改造和服务运营，提出了七项具体明确的规范要求，即科学规划合理布局社区服务设施、加大资源整合和集约建设力度、多渠道拓展设施建设场地空间、完善社区嵌入式服务设施功能配置、积极推进社会存量资源改造利用、健全可持续的建设运营模式和增加高质量社区服务供给。

2. 助力宜居城市建设

近年来，一些地方已经开展社区嵌入式服务设施建设探索。但对于不少城市来讲，开展社区嵌入式服务设施建设仍是一项新生事物。调研显示，各地在建设推进社区嵌入式服务设施过程中，可能会遇到建设场地空间从哪里来、普惠服务场景如何统筹设置、怎样保障高质量服务可持续运营等问题，需要不断通过试点予以解决。因此，要鼓励各地先行先试、改革探索、积累经验。

对于试点的选择，方案强调要因地制宜，区分不同类型城市和社区特点精准施策。我国不同城市经济社会发展水平和社区居民服务需求差异显著，推进社区嵌入式服务设施建设要避免"一刀切"。

《方案》提出分类施策，区别不同城市类型和社区特点精准施策，以城市为单位整体谋划推进，统筹规划、建设、服务、管理，持续提升服务水平。同时，强调应广泛征求居民意见，听取群众诉求，按照可拓展、可转换、能兼容要求，科学配置社区嵌入式服务设施功能。

此外，要多渠道拓展设施建设场地空间，按照"补改一批、转型一批、划转一批、配建一批"的原则，开展社区嵌入式服务设施建设，要针对场地空间采取攻坚行动，多措并举，为社区嵌入式服务设施建设腾空间，确保社区公共服务走近居民身边。

社区嵌入式服务设施如何满足居民对社区公共服务设施的需求？

要在现有社区中补齐闲置空间建设嵌入式服务设施，针对现有住区内部的配建空间进行资源盘点，具备条件的社区可以通过拆除重建、腾退补建等方式，充分合理利用已有的低效闲置资源。从操作路径上看，现有社区应进一步加强政府引领下的居住区既有设施更新建设申报主体的优化。同时，优化补充审批程序中针对配套设施增补的政策和程序供给，推进社区存量空间资源的嵌入式服务功能配建。

各地应采取有针对性的政策，例如，利用简易低风险设施建设等方式，简化建设审批流程，消除阻碍环节，补改一批群众急需的嵌入式服务设施。在某些地方，通过党建引领和公众参与，将老旧小区的部分破旧配套用房、闲置空间的杂物进行集中清理，引入社会资本对空间进行改造，为居民提供社区食堂、便民服务、文化休闲等高品质社区公共服务，实现社区嵌入式设施建设。

3. 增加居家社区养老服务供给

大力发展居家社区养老服务，是顺应大多数老年人依托社区居家养老愿望、解决老年人急难愁盼问题的一项重要而紧迫的任务。此次出台《方案》，将居家社区养老服务功能有机融入社区嵌入式服务设施规划建设，是进一步增强居家社区养老服务供给能力的有力举措，对于加快推进居家社区养老服务网络建设、把养老服务快捷送到老年人"身边、周边、床边"具有重要意义。

从《方案》明确的政策措施看，依托社区嵌入式服务设施，可以从以下四个方面为居家社区养老服务发展提供有力支持。

一是，在完善居家社区养老服务网络方面。居家社区养老服务网络是指由县（市、区、旗）、街道（乡镇）、社区（村）不同层级各类养老服务设施构成的连锁化运营、标准化管理、专业化运作的为老年人提供居家社区养老服务的网络。推动建设的社区嵌入式服务设施，位于居家社区养老服务网络的终端和"神经末梢"。强化社区嵌入式服务设施的养老服务功能，必将有力完善居家社区养老服务网络、打通为老年人提供养老服务的"最后一米"。

二是，在提供短期托养服务方面。明确提出试点城市要科学设置服务场景，优先保障具有短期托养功能的护理型养老床位设置的必要空间。短期托养是失能、残疾、高龄等居家老年人最迫切需要的专业化养老服务之一。通过在社区嵌入式服务设施增加具有短期托养功能的护理型养老床位，将有效满足老年人在"家门口"就近就便接受专业照护服务的需求。

三是，在发展老年助餐服务方面。社区嵌入式服务设施主要布局建设在居民区、家门口，更适于嵌入助餐等老年人高频需求的生活性服务事项，可以通过推广"中央厨房＋若干助餐点"等模式，推动老年助餐服务依托社区嵌入式服务设施多点布局、服务下沉、方便可及，让更多老年人吃上家门口的热乎饭。

四是，在提供居家养老上门服务方面。明确提出，积极培育社区综合服务和专项服务运营主体。养老服务机构等运营主体依托社区嵌入式服务设施，可以为有需求的老年人提供生活照料、日常探访、助餐、助洁、助浴、助医、助行、助急等居家上门服务。也可通过设置家庭养老床位，为有需求的居家失能老年人提供"类机构"的持续稳定的专业照护服务，有效满足居家老年人多样化养老服务需求。

以佛山市禅城区的居家养老服务体系建设为例。佛山市禅城区为适应新时代社会的发展，响应国家关于养老服务工作的政策，完善禅城区居家养老服务工作，满足多样化、个性化的养老服务需求，提高老年人生命生活质量和获得感、幸福感和满意度，依据2008年全国老龄办会同国家发展和改革委员会等十部委联合制定的《关于全面推进居家养老服务工作的意见》、广东省民政厅《广东省居家养老服务示范活动实施方案》（粤民福〔2010〕6号）、《广东省养老服务条例》（2018年11月29日广东省第十三届人民代表大会常务委员会第七次会议通过）、佛山市委十二届七次全会和禅城区委四届五次全会精神，结合禅城区居家养老发展现状和趋势，大力推进多层次的"禅颐居"居家养老服务体系建设，制定了禅城区"禅颐居"居家养老服务体系建设工作方案。

佛山市禅城区通过"调政策、扩载体、优服务、强监管"，到2022年，全区初步建成居家为基础、社区为依托、机构为补充、医养相结合的"禅颐居"居家养老服务体系，构建了群众普遍认可的禅城居家养老模式。"调政策"即通过修改完善现有政策，大力扶持居家养老服务工作，形成更加鼓励创新、吸引投资的体制机制，调动社会力量参与居家养老服务发展的积极性。"扩载体"即建立区、镇街、村居三级居家养老服务设施体系，实现居家养老服务中心"一个区级中心＋四个镇街级中心＋150个村居级中心"的全覆盖。"优服务"即依托信息化手段建立覆盖全面、重点突出、结构合理的居家养老服务标准体系，并组织推进标准化实施。"强监管"即养老服务和照护需求评估、服务质量评估制度及行业信用体系全面建立，安全监管机制逐步健全，居家养老服务规范化水平不断提升。

佛山市禅城区大力挖掘和整合社区资源，广泛发动社会力量，积极开展居家养老服务活动，持续充实居家养老服务设施，不断丰富服务内容和形式，壮大专业化和志愿者相结合的居家养老服务队伍，逐步建立、健全和完善居家养老服务的组织管理体制，区镇（街）联动、部门协同，久久为功，聚焦群众关切，抓重点、抓实在、抓持久，在做好"保基本、兜底线"的基础上，继续推动增加普惠养老服务有效供给，把养老服务工作做实、做深、做细，让老年人都能生活得安心、静心、舒心。

7.4 全生命周期公共服务设施供给体系构建

城市公共服务设施供给包括了公共服务设施从规划、审批、建设到验收完成的过程，也涵盖了公共服务设施从投入使用到运营服务的全生命周期。保障城市公共服务设施的有效供给一直是政府职能和职责的一项重要内容，其目的是构建面向广泛社会阶层的公平完整的公共服务体系。改革开放以来，城市人口急剧增加，人口结构产生巨变，加之公共服务供给机制不完善，造成公共服务设施分配不均、落地难、运行难、监管难、效率差、品质不高等诸多问题。因此，有效确保公共服务设施的供给，并提升公共服务供给的效率和公平性，既体现了新时期城市建设管理能力，也反映了城市的综合竞争力和宜居性。

7.4.1 公共服务设施供给模式与问题

1. 公共服务设施供给模式

公共服务设施具有福利属性，其有别于私人服务设施的根本特征是实现了效率与公平的最大化。作为公共物品，公共服务设施采用政府主导的供给模式。自第二次世界大战结束至20世纪70年代，西方发达国家一直采取"福利国家制度"，政府是社会公共服务的唯一提供者。随着市场经济的发展和自由主义思潮的兴起，公共服务设施供给才逐渐引入市场机制，由单中心供给模式向双主体联合供给模式和多元供给模式转变。

我国的公共服务设施供给经历了行政型供给和多元化供给两个阶段。尤其是改革开放以来，市场在要素配置中的地位得到大幅提升，公共服务设施的建设模式、资金来源、服务范围、内涵与品质等发生了重要转变与提升。由政府作为单一供给主体已不是公共服务资源的最优配置模式，同时多元主体参与也会增加公共服务设施供给的协调难度，尤其考验政府在市场和社会之间均衡多元权利与利益的能力，因此各方要建立功能互补、互利共赢的合作关系。由此可见，在多元化供给的背景下，政府作为公共利益的代表，做好多方参与机制的监管者和协调者尤为重要。

2. 公共服务设施供给问题

1) 出现的问题

(1) 设施体系不健全与设施层级不完善并存

在政府主导、市场参与的公共服务设施供给背景下，受制于土地资源、公共财政有限，公共服务设施的供给呈现出明显的垂直分化和水平分化。

垂直分化体现为公共设施层级配置有失公允。我国的行政管理体制具有明显的等级性，因此公共服务设施配置也具有相应的等级性。我国当前的公共服务设施等级主要通过规模标准来进行区分，等级越高的公共服务设施，用地规模和建筑规模标准越高。然而，通过对比多个城市不同等级公共服务设施的建设规模和配置标准发现，高等级公共服务设施的建设规模多已超标，而居住区级公共服务设施的建设规模则受到挤压甚至被削减。一方面，高等级公共服务设施缺乏统一的配置标准，2018年制定的《城市公服务设施规划标准（修订）（征求意见稿）》（GB 50442）也未得到正式印发。同时，高等级公共服务设施具有明显的社会感知和品牌效应，在项目立项决策和投资力度上更受行政管理主体的青睐，使得高等级公共服务设施的建设规模普遍偏大。以文化设施为例，对照《城市公共服务设施规划标准（修订）（征求意见稿）》（GB 50442），高等级文化设施用地面积按照城市常住人口规模进行差异控制。

水平分化体现为不同类型设施的完善程度存在差异。随着市场参与的不断深入，部分公共服务设施出现过度依赖市场、政府缺位的情况，设施供给难以得到满足，同时一直存在各级政府办公大楼或标志性公共服务设施超标建设的现象。以深圳市为例，根据深圳市历年统计年鉴来看，2012年其公办学校占全市学校的比重不足30%，且民办学校每年增长幅度高于公办学校，直至2019年深圳市政府才加大对公办学校的投入，在2020年首次实现公办学校数超民办学校数。对于市场可参与或完全通过市场化方式落地的公共服务设施，政府通过缩减投入，将公共财政支出倾斜到其他难以通过市场化完成配置的设施上。这一做法虽然是对资本、资源的最优配置方案，但是由于缺乏完善的管控机制，市场化配置结果往往很难区分公共服务与私有开发的边界，无法满足公共服务设施基本的公共属性，同时也难以保证设施的最优区位和足量规模，反而带来了公共服务设施不足的问题。

（2）设施布局与需求的契合度不足

公共服务设施在空间布局上与城市人口、城市功能等存在偏差。从大的层面来看，主要表现在新区与老城区、中心城区与郊区之间配套设施不均等方面。首先，老城区公共服务设施体系相对完善，新区的公共服务未实现"基于均等关系的空间公平"，即老城区的公共服务水平、设施分布密度、空间覆盖效果均高于新区。其次，中心城区的公共服务设施也存在诸多问题，未能达到"基于基础需要的配置公平"。以广州市各区2019年小学基本情况为例，中心城区的招生规模远超新区和郊区，但师生比却低于新区和郊区。随着城镇化水平的不断提升和土地资源的短缺，广州市中心城区的小学建设规模受到挤压，中心城区小学平均用地规模仅为0.92hm^2，而其他区的小学平均用地规模则达到1.78hm^2（数据来源：广州市历年教育统计手册）。

（3）设施的运行效率和服务品质有待提升

① 公共设施的公共属性无法保证。受财力及融资渠道所限，公共服务设施的配置除采取政府主导的方式外，还可以通过招、拍、挂或国企代建实现。为确保自身资金平衡和建设效益，中标企业或国企在项目开发建设过程中，会通过各种方式植入商业或住宅功能，或将公共服务设施私有化、"贵族化"，导致真正服务普通市民的设施配置标准降级或公共属性无法实现，从而出现上学难、看病难、养老难等问题。

② 公共设施的服务品质无法保证。虽然政府主导、多主体参与的供给方式已日趋普遍，但是城市公共服务设施的后期运营以政府为主导，受官本位思想及政府考核机制的影响，管理人员并不以服务为中心，缺乏主动性，出现"门难进、事难办、脸难看"的情形，导致公共服务设施的体验感较差，影响设施的使用效率。

2）问题本质

上述问题的出现，归根结底是因为供给决策依据不足，标准不一，规划存在局限性；供给实施存在偏差，建设审批与批后监管不到位；供给主体决策不开放，公众需求导向缺失。

而这些问题的本质其实就是自上而下的供给体系缺陷与自下而上的需求反馈受阻。一直以来，在我国的城市公共服务设施的供给环节中，无论是供给依据、供给实施还是供给方式均存在诸多缺陷，使得公共服务设施在自上而下的供给过程中出现不断调整的情况。由于未形成权威性的上层依据，加上碎片化的管理，导致规划管理的前端环节受公共服务设施建设实施的干预，影响了公共服务设施的供给效果。与此同时，由于缺乏有效的自下而上的需求反馈，使得上层供给依据不充分，产生了设施使用与需求存在差距、设施运行效率不足、服务体验不佳等实施运营问题。

7.4.2 全生命周期公共服务设施供给体系构建策略

在建设"以人民为中心"的总体要求和国家治理体制改革的背景下，要确保公共服务设施供给能够切实地满足需求，根据部门协同和系统思维，推进城市公共服务设施全生命周期供给体系建设，包括配置标准、规划编制、规划审批、建设实施及运营服务等，以切实保障公共服务设施的有效实施（图7.1）。

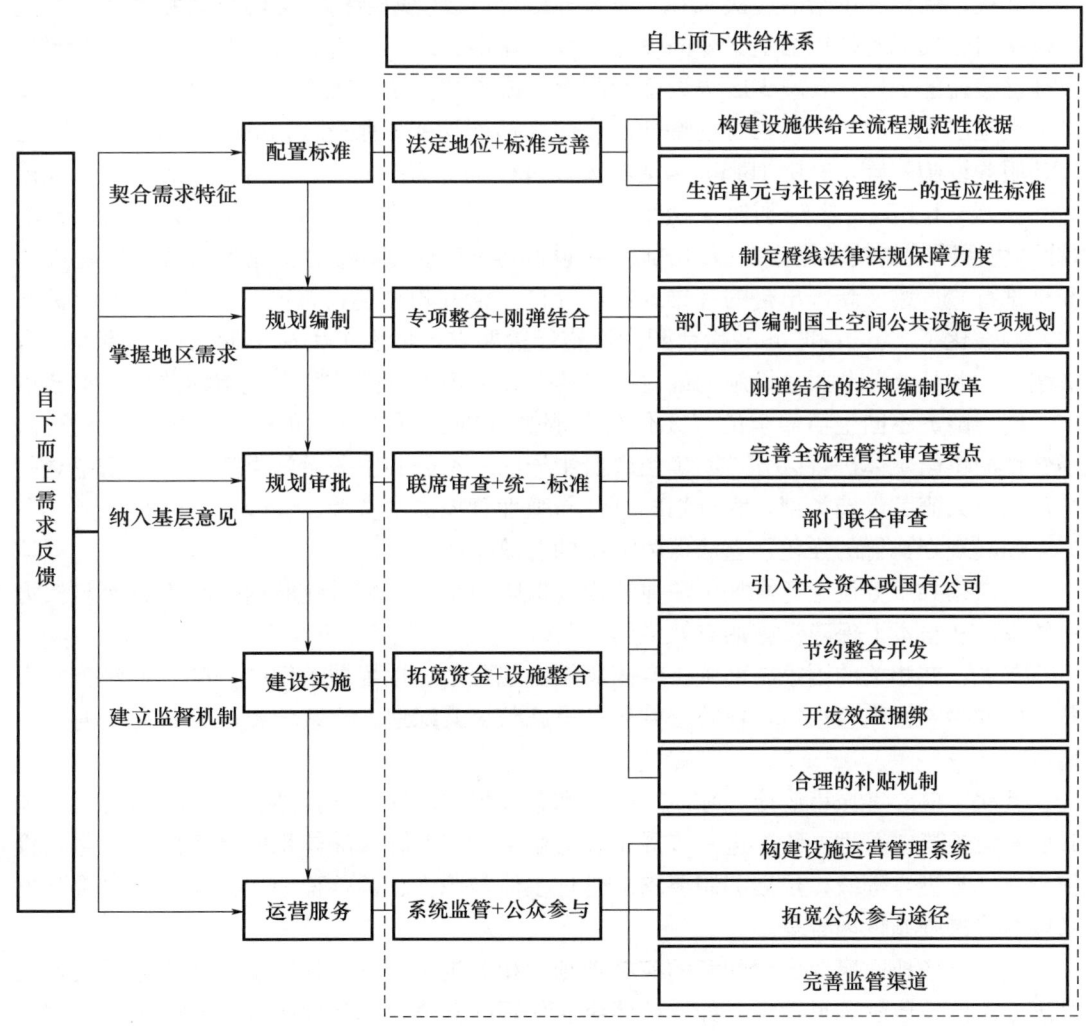

图7.1　全生命周期公共服务设施供给体系

具体构建策略如下。

1. 强化规划在供给决策和实施中的保障作用

在公共服务设施从规划到建设实施的过程中,极易出现因让渡市场利益带来的规划频繁修改的情况,导致公共服务设施最终的建设效果不佳。因此,应从提高规划管控的严肃性和执行度的角度出发,以科学合理的公共服务设施配置标准为前提,优化规划编制方法和管控内容,并强化规划的法律效力,避免规划调整中出现设施选址偏远、建设规模压缩等问题。

(1) 规划依据的完善：配置标准的简化与适应性提升

首先,从设施标准的合理性来看,应依托国土空间规划的底图底数和2020年第七次全国人口普查数据,打破部门壁垒,实现行业标准与规划标准在布局要求、建设规模等配置要求上的统一,减小建设环节的磨合阻力。同时,由各部门进一步优化建设实施标准,形成"规划编制—规划管理—建设实施—竣工验收"全流程环节的规范性依据,避免设施供给的实施偏差。

其次,从设施供给的层次来看,应充分结合行政管理结构,考虑公共服务设施的使用效率与管理成本,压缩不必要的设施等级。在市、区级设施层面,对于市级公共服务设施已覆盖的区域,要减少区级设施的配置,或与其他层级设施进行整合。在镇街级及以下设施层面,应对应行政管辖特征,按照生活圈层级,强化15min和5min生活圈的公共服务设施配置,其中15min生活圈人口规模为5万~10万,5min生活圈人口规模为0.5万~1.2万,应分别对应镇街级和社区级设施。事实上,在自然资源部发布的《社区生活圈规划技术指南》、住房城乡建设部等13部门印发的《完整居住社区建设标准（试行）》、雄安新区出台的《雄安新区社区生活圈规划建设指南（2020年）》等标准中,均强化了15min和5min生活圈的设施配置要求,体现了生活单元与社区治理的有机统一。此外,公共服务设施的配置标准还应充分考虑不同地区人员结构差异,构建适应不同年龄、不同生活需求的多元化公共服务设施配置"总菜单",并对设施公益性、经营性的供给主体进行区分,明确由政府主导的基本公共服务设施类型和由市场主导的特色化公共服务设施类型,为规划的刚性与弹性管控提供参考。

(2) 规划执行的强化：立法保障设施的有效供给

城市公共服务设施还需加强法律法规的保障力度,实现对政府内部和市场参与权力的约束,从根本上保障设施的有效供给。

首先,在相关的国家层面国土空间规划法规及地方性规划条例中,应加强对公共服务设施的强制性内容规定,保障公共服务设施与公共绿地、市政设施等具有同等的法律地位。

其次,应参考城市蓝线、绿线、黄线和紫线等"四线"管理办法,单独出台城市公共服务设施橙线管理办法,进一步界定公共服务设施实施保障体系的具体内容,包括设施定义、类型与等级、规划编制要求、管理主体与职责、调整程序、处罚措施以及其他必须明确的强制性内容等。

最后,各地政府要出台配套的实施细则和相关规定,以增强城市公共服务设施橙线管理办法的适应性和灵活性,如《广州市居住区配套公共服务设施管理暂行规定》明确了居住区配套公共服务设施规划、建设、移交、登记和使用管理,特别是对建设时序、验收交付环节作出了详细规定，并强化了监管与社会监督。

（3）规划编制的优化：专项整合，控规"刚弹"结合

在"五级三类"的国土空间规划体系中，专项规划已纳入法定规划体系。由此可见，公共服务设施专项规划的地位和作用得到保障，但需转变过去由行业主管部门组织编制单类公共服务设施专项规划的做法，形成多部门联合编制，以协调设施整合与用地冲突问题，同时配合城市橙线管理办法，形成城市公共服务设施橙线专项规划，并将其纳入控规管控。

在编制控规时，要注重刚性和弹性的结合。一方面，可根据设施等级，对高等级设施的空间位置、建设规模、建设要求等内容进行刚性约束，对低等级可附建设施进行空间规划指引，并增加建设时序、建设模式、配建标准等建设控制条件。另一方面，可根据设施承载能力，建立开发总量与设施配置捆绑机制。例如，佛山市按照分层编制和分级审批的原则编制控规，简化控规导则编制内容，以街坊为单元进行开发强度总量控制；建立公益性用地与经营性用地指标联动机制，经营性用地的增加必须以补充公共服务设施用地为前置条件，局部的调整都要反馈至街坊范围内，遵守"有增有减，总量控制"的原则。这种做法在确保控规管控刚性的同时，又为适应市场经济预留了充足的弹性，在一定程度上维护了控规的法律效力。需要注意的是，控规管控单元的划分应与镇街、社区的管辖边界统一，保障规划的传导效果。在具体的设施规划决策和供给层面，要注重镇街、社区居委会等基层组织和社区居民的参与，及时掌握单元内的人口特征、建设动态、设施运营情况与需求，提高设施规划与实际需求在空间上的匹配程度。

2. 变革管理与建设模式，全面提升供给能力

（1）管理模式：深度联合审批管理，提高供给效率

首先，在建设审批环节的审查中，应拓展公共服务设施运营监管的相关要求，包括设施权责、交付使用情况、运营模式、管理维护等内容。其次，改善现有公共服务设施供给管理体系中部门之间缺乏有效沟通的情况，建立联席审查机制，在项目立项与选址、方案设计等阶段，由主管部门负责，充分协调相关部门、基层管理组织对设计方案、建设标准、建设形式、实施运营等内容的意见要求，形成统一的审查标准，避免审批环节的执行偏差。此外，还要加强自然资源部门在设施前期制订计划、项目立项阶段的参与程度，为政府决策提供有力的技术支撑。

（2）建设模式：丰富建设主体，优化建设方式

城市公共服务设施前期建设和后期运营维护的成本较高，在政府资金渠道有限的情况下，需要优化公共服务设施建设模式来解决资金问题。在保障现有政府投入资金渠道的基础上，可以从以下四个方面来满足公共服务设施的建设需求。

① 由政府成立国有控股公司，可以采用以下两种模式建设：模式一，国有控股公司引入社会资本形成合资公司，主要负责公共服务设施的建设、运营、管理和维护等所有相关投入，由政府负责制定建设要求、服务标准、监督评估机制及必要的政策。该模式可以保障公共服务设施的公共性及公平性，缓解地方财政的资金压力，增加公共产品与服务供给，提高公共服务产品效率，同时还可以为企业和社会资本带来长期、稳定的收益，实现政府、企业和社会的多方共赢。模式二，国有资产注入独立国有公司，建议政府将现有公共服务设施用地及地面建筑物、规划公共服务设施用地全部划拨至国有控

股公司名下,再分批次抵押给银行,从而取得相应的资金进行设施的建设、运营和维护。由于公共服务设施用地基本上位于城市繁华或中心地带,属于优质资产,易于实现资产变资金。这种模式将大大缓解公共服务设施建设、管理、运营和维护等环节的资金压力,有较大的可行性。

② 在满足相应建设标准、保障设施服务水平的前提下,对设施进行整合开发,如整合文化与体育设施、综合开发社区级设施等。此外,可考虑结合经营性设施进行整合开发,以分担一定的运营资金成本。

③ 将城市公共服务设施与受益区域的经营性项目进行捆绑,充分利用公共服务设施建设带来的溢出效应,划定区域开发建设与公共服务设施捆绑区域,由经营性用地开发承担部分设施的非经营性成本。事实上,我国在环保领域已经建立受益者负担机制,如污水处理费机制等。该模式比较适用于新区开发建设和城市更新项目,在该模式中,建议政府完善监管机制,进一步履行好监督职责,确保设施建设质量和按期交付。

④ 探索建立合理的补贴机制,提高公共设施的使用率,以财政收入的方式实现对基础设施使用者的补贴,但补贴机制还需平衡设施投入成本与使用者付费之间的关系,避免公共服务设施丧失公共物品的基本特性。

3. 优化运营监管机制,提高供给服务水平

(1) 专业团队＋运营管理系统,提升设施运行效率和服务水平

在公共服务设施运营维护环节,应探索构建市场、非营利组织等非政府力量的参与机制,借助专业团队的经验,提供更契合使用需求的公共服务;通过加强政府监管,达到提高公共服务设施管理效率和服务水平的目的,如建立城市公共服务设施运营管理系统,加强对设施运营主体、服务人口、管理人员、月度财务指标、提供服务类型、每日服务效果、公众留言等信息的录入与更新,实现政府与市民的共同监督,优化公共服务设施的服务体验。

(2) 多层次参与＋多方式结合的监管评估,推进设施的有效供给和持续改进

外部的有效监管是推进设施有效供给和持续改进的重要保障,应建立与完善自下而上的参与机制,以及公众参与的法律制度,形成设施供给监管的内外合力。首先,构建多层次的参与机制,扩大公众参与的人群,参与主体应涵盖设施所在区域的主要受众、社区居民及基层管理组织;从提升公众参与质量和效率的角度,引入社区规划师或其他团队,搭建市民、基层管理组织与政府、设计团队、建设主体之间的沟通桥梁,高效整合意见建议,确保公众信息能被最大化地输入到项目决策过程中。其次,拓宽监管渠道,通过制定重要决策听证会制度、公开设施季度或年度报告、网站查询与信息反馈等方式,让公众及时了解公共服务设施的建设、运作和决策情况,为设施的有效运行和评估提供反馈与支撑。

参考文献

[1] 白婷. 城市生态规划与城市生态建设分析[J]. 环球市场,2020(2):219.
[2] 柴仲平,王雪梅."3S"技术在生态规划实践教学中的应用[J]. 课程教育研究,2012,(30):51-52.
[3] 陈基伟. 城镇低效用地再开发实践与进展综述[J]. 上海国土资源,2024,45(2):166-170.
[4] 陈则铭. 基于宜居理念的生态城市规划分析[J]. 住宅与房地产,2023,(Z1):93-95.
[5] 程东祥. 城市交通与低碳发展[M]. 南京:东南大学出版社,2021.
[6] 耿煜周,刘航,谢瑾,等. 城市更新背景下国际社区公共服务设施可持续运营路径及其启示[J]. 规划师,2024,40(2):35-40.
[7] 刘坤. 让群众在家门口享受优质服务[N]. 光明日报,2023-11-28(010).
[8] 广州市建设科技中心,广州市城市更新规划设计研究院有限公司. 既有建筑品质提升技术研究与实践:老旧小区[M]. 广州:华南理工大学出版社,2022.
[9] 胡俊辉. 基于复杂适应系统的可持续城市形态评估[D]. 天津:天津大学,2021.
[10] 黄恺勋. 绿色建筑理念的生态宜居住宅设计研究[J]. 城市建设理论研究(电子版),2022,(30):40-42.
[11] 柯昌波. 重庆市人居环境可持续发展综合评价研究[M]. 成都:西南交通大学出版社,2014.
[12] 李夺,黎鹏展. 绿色规划绿色发展 城市绿色空间重构研究[M]. 武汉:华中科技大学出版社,2020.
[13] 李海楠."见缝插针"发力社区嵌入式服务设施建设[N]. 中国经济时报,2023-12-05(001).
[14] 郭鹏. 社区嵌入式服务建设将启动试点[J]. 民生周刊,2023,(26):36-37.
[15] 李江. 转型期深圳城市更新规划探索与实践[M]. 2版. 南京:东南大学出版社,2020.
[16] 李垒,王国田,王会娟. 南水北调工程对宜居城市建设的支撑作用研究 以北京市为例[M]. 北京:中国水利水电出版社,2018.
[17] 李婷婷,陈露,赵锦慧. RS与GIS技术在我国城市绿地研究中的应用[J]. 中国城市林业,2015,13(4):10-13.
[18] 李彦广,郭健,孙彭举. 城市更新规划的统筹与协调研究[J]. 工程建设与设计,2023,(23):16-18.
[19] 刘猛. 生态规划与城市规划的融合探析[J]. 工程建设与设计,2017,(5):87-88+93.
[20] 刘姗姗. 以人民为中心的社区生活圈公共服务提升及设施配置对策:以六盘水市为例[J]. 智能建筑与智慧城市,2024,(5):19-23.
[21] 马雨阳. 城市设计视角下城市规划精细化管理策略研究[J]. 住宅与房地产,2024,(15):80-82.
[22] 缪蕊. 基于城市品质提升的低效用地再开发规划策略研究[D]. 张家口:河北建筑工程学院,2023.
[23] 皮磊. 强化社区嵌入式服务设施养老服务功能打通为老服务"最后一米"[N]. 公益时报,2023-12-05(002).
[24] 石伟. 试论城市老旧小区改造新模式及关键技术[J]. 工程建设与设计,2022,(4):133-135.
[25] 汪平西. 城市旧居住区更新综合评价研究[M]. 南京:东南大学出版社,2020.
[26] 王建国. 城市设计[M]. 4版. 南京:东南大学出版社,2021.

［27］ 王健,孙光波．城镇老旧小区改造［M］．北京：中国城市出版社,2020．

［28］ 王希．国土空间规划视角下的城市公共服务设施布局策略探析［J］．城市建设理论研究（电子版）,2024,(17):25-27．

［29］ 王晓峰．3S技术在景观生态研究中的作用和意义［J］．黑龙江环境通报,2012,36(1):4-6．

［30］ 王燕,彭钢．城市设计理论及创作方法研究［M］．长春：吉林出版集团股份有限公司,2021．

［31］ 吴迪．基于社区生活圈的公共服务设施配置研究：以《泉港区国土空间总体规划》为例［J］．城市建筑,2024,21(10):111-114．

［32］ 向守乾,许金华,杨磊．全生命周期公共服务设施供给体系优化研究［J］．规划师,2022,38(9):71-78．

［33］ 谢淑华,段昌莉,刘志浩．城市生态与环境规划［M］．武汉：华中科技大学出版社,2021．

［34］ 徐江涛．城市更新背景下郑州西部旧工业住区形态研究［D］．郑州：郑州大学,2022．

［35］ 闫晶晶．基于社区生活圈的城市公共服务空间单元划分与设施协同配置研究［C］//中国城市规划学会风景环境规划设计专业委员会．风景环境与高品质生活：中国城市规划学会风景环境规划设计专业委员会2023年会论文集．重庆市规划设计研究院城乡发展战略研究所,2023:13．

［36］ 阳建强．城市更新［M］．南京：东南大学出版社,2020．

［37］ 杨志强．城市更新背景下老旧小区改造的对策研究［D］．济南：山东大学,2023．

［38］ 姚士超．城市规划设计中生态城市规划分析［J］．工程建设与设计,2020,(13):113-114+120．

［39］ 游晓婕,宋磊,陈向．高质量发展下城市低效用地全流程规划管控研究：以黄埔临港经济区为例［C］//中国城市规划学会．人民城市,规划赋能：2023中国城市规划年会论文集（02城市更新）．广州市城市规划勘测设计研究院黄埔分院,2023:11．

［40］ 于立．宜居城市规划建设的理论与实践［M］．北京：中国城市出版社,2022．

［41］ 余作健．山地城市打造宜居生态城市的规划思路［J］．工程建设与设计,2016,(9):148-149．

［42］ 张国辉．城市生态规划与城市生态建设分析［J］．消费导刊,2019(29):8．

［43］ 张侃．区域生态规划的3S技术应用方法研究［D］．杭州：浙江大学,2006．

［44］ 张希．浅谈宜居绿色住宅建筑设计［J］．建设科技,2023,(22):17-20．

［45］ 张晓东,陈从建．城市老旧住宅小区更新路径与机制研究［M］．南京：江苏人民出版社,2020．

［46］ 张鑫．城市老旧小区提升改造问题研究［D］．广州：广东财经大学,2022．

［47］ 赵杰．浅析城市规划中宜居环境设计策略［J］．装饰装修天地,2020(1):141．

［48］ 赵睿康,杨蕾．3S技术及其在生态环境监测中的应用解析［J］．科技视界,2019(2):175-176．

［49］ 郑雪,孙易吟．3S技术融入现代城市规划的分析与研究［J］．工程建设与设计,2021,(11):119-121+133．

［50］ 中国城市规划设计研究院城市更新研究所编；庄惟敏,唐燕总主编．城镇老旧小区改造实践与创新［M］．北京：中国城市出版社,2022．

［51］ 钟志华．智能低碳交通导论［M］．北京：中国科学技术出版社,2023．

［52］ 周励．基于绿色建筑理念的生态宜居住宅设计［J］．住宅与房地产,2022,(14):42-45．

［53］ 宗纪昌,袁海鹏．广东佛山：坚持建管并重,保障住有宜居［J］．城乡建设,2022,(8):16-18．

后　　记

　　近年来，我国为应对快速的城市发展过程中出现的环境污染、自然资源短缺、生态破坏等"城市病"，出现了低碳城市、智慧城市、海绵城市、韧性城市、无废城市、美丽城市等一系列城市建设和发展理念，从不同维度反映了国家宏观调控的方向和城市建设、管理的目标。2023年12月27日，《中共中央　国务院关于全面推进美丽中国建设的意见》明确提出，"建设绿色发展城市典范"和"推进以绿色低碳、环境优美、生态宜居、安全健康、智慧高效为导向的美丽城市建设"。由此可见，高度重视生态宜居城市规划与建设，是城市建设必须遵循的重要原则，符合现代城市建设的基本理念，顺应了城市发展的潮流和方向。

　　伴随着城市建设和经济的快速发展，全球变暖、气候异常、土地荒漠化等问题日益严重，城市交通拥堵、热岛效应、环境恶化等城市问题逐渐成为人们关注的焦点，"生态宜居城市"的观念也应运而生。开展生态宜居城市规划与建设研究，探索生态宜居理念在城市规划与建设中的实现方式，不仅可以有效防止新兴城市再走"先破坏再修复"的老路，还对促进生态脆弱城市的生态恢复，最终实现可持续发展，有着重要的现实意义。

　　城市设计作为城市建设和规划管理的重要技术手段，它在城市功能的完善、交通条件的改善、环境质量的提升、社会生活的发展、经济水平的增长、历史人文的传承等方面发挥着重要作用。在新的形势下，新时期的城市设计应以城市生态问题为导向，以宜居城市设计方法为主线，最后落实宜居城市项目的建设与实施。